秀秀我的果菜园

青草记 赵 晶 编著

农村读物出版社
中国农业出版社

前 言

长期生活在城市中的退休老人朋友，终日被繁琐的家务所包围，心里常感到说不出的烦躁不安和压抑郁闷；在各种工作场所忙碌的青壮年朋友，被各种事务所缠缚，难以摆脱身心的疲惫；天真可爱的小朋友和正在读书的青少年朋友要应对题海和考试，使他们难以露出笑脸。

如果能在家里的阳台、平台或庭院，总之在您居住的有限空间里，通过学习一些瓜果蔬菜的种植知识，从事一些园艺劳动，您就可以感受到生命的可爱，生活的情趣，身体会变得更加健康，心情也会变得愉悦。当您看到瓜果蔬菜茁壮成长时，焦躁不安的心情也许会神奇地平静下来，并充满喜乐安详；当您悉心照料瓜果蔬菜时，您的心灵将会变得更加淳朴优美、充满光明和智慧。春播秋收，施肥浇灌，锄草修剪，有撒种时的欣喜，也有对收成的期盼；有劳动时的汗水，更有收获时的欢乐。现在的城市居民越来越喜欢种植瓜果蔬菜，“把绿色请进家中”已成为一种生活时尚。

也许每个家庭并不是都有条件马上来种植瓜果蔬菜，但是事在人为，相信通过您的辛勤劳动，完全可以开辟一块园地，这将是您生活中最值得期盼和最幸福的时光！当您小心翼翼、近乎虔诚地播下一粒种子，日后将会带给您一系列的惊喜和感悟。您会发现自己埋下的种子会神奇地萌发出一片片嫩叶，开出美丽多姿的花朵，还会结出一个个丰硕的果实，当您品尝到自己种出的三无（无农药、无化肥、无激素）瓜果蔬菜时，您一定会倍感欣慰和欢喜！

种植瓜果蔬菜不但可以带来心灵的快乐，还可以培养您的耐心、细心与恒心，以及敏锐的观察力和细致的思考力。要种植好瓜果蔬菜，我们不但需要学习园艺知识，更需要付出辛勤的劳动。种植瓜果蔬菜是一件优美而细致的工作，不但需要用力气干活，更需要用眼睛观察，用头脑思考，用心灵领悟，才能做得更好。

目 录

Part 3 根茎类

Part 4　瓜果类

Part 5 果木类

后记

绪 论

XULUN

蔬菜简介

世界上蔬菜的种类很多，大部分原产我国，原产其他国家的蔬菜大多也适合我国栽培。因此，我国是世界上栽培蔬菜种类最多的国家。虽然每种蔬菜千差万别各不相同，但是大部分都有着相似的构造。它们都有着根、茎、叶、花、果（种子）等器官。每一个器官，都对蔬菜的生存、繁衍起着重要作用。

1.根

您一定见过小葱和大蒜的根吧？那白白的根像胡须一样。许多蔬菜都是如此，长着无数纤细的根，并茂盛地向四面八方伸展。这种根叫须根。另一些蔬菜的根，如胡萝卜、花菜，它们长着一条明显的主根，主根上又分生出许多侧根，倾斜或水平伸展，这种根叫直根。

图 0-1　小葱根（摄影青草记）

图 0-2　大蒜根（摄影青草记）

2. 茎

蔬菜的茎里有许多中空的小管子，能把根吸收的水分和养分输送到叶子、花和果实；也能把叶子制造的糖分输送到花、果和根。大部分蔬菜的茎是直立的，如茄子、辣椒等；也有一些蔬菜的茎是蔓生的，如南瓜、黄瓜、西瓜、葡萄等；还有些蔬菜的茎可以贮存淀粉和养分，如土豆、芋头、红薯都是茎的地下部分膨大形成的块茎，而不是根；洋葱、大蒜等的茎在地下部分则形成球茎。

3. 叶

蔬菜能自己制造食物，也就是自己找饭吃，它们制造食物是通过叶片这个制造工厂来完成的，需要的原料就是水和二氧化碳。

虽然蔬菜的叶片形状、大小和叶脉纹路都不一样，但它们的叶片中都含有叶绿素。叶绿素在日光照射下能将水和二氧化碳合成碳水化合物，这一过程称为光合作用。光合作用产生的葡萄糖有一部分被转换成淀粉，储存在根茎和果实中；另一些糖则被转换成纤维素，用来形成纤维。还有一些糖被输送到蔬菜的各个部分，分解成二氧化碳和水，并释放出能量，供给细胞来完成各种生命所需的能量，这个过程叫呼吸作用。

4. 花

蔬菜开花是为了结果留种，使其生命得以繁衍。这种繁殖方式叫做有性繁殖。当然，有些也可以用扦插的方法繁殖，或者将其块茎埋在土中来繁殖，这种繁殖方式叫做无性繁殖。

图 0-3　油菜花（摄影青草记）

图 0-4　南瓜雄蕊（摄影青草记）

图 0-5　南瓜雌蕊（摄影青草记）

图 0-6　蜜蜂在给油菜授粉（摄影青草记）

蔬菜的花由花萼、花托、花瓣和花蕊等部分构成。这几个部分都具备的花叫做完全花，但也有许多的花并不完全。花蕊有雄蕊与雌蕊之分。有的蔬菜一朵花里既有雄蕊又有雌蕊，如番茄、辣椒、油菜的花；有的蔬菜一朵花里只有雄蕊或只有雌蕊，如南瓜、黄瓜、丝瓜的花；有的蔬菜花是雌雄同株，一棵蔬菜上同时开有雄花和雌花，如苦瓜、黄瓜、南瓜、丝瓜；有的蔬菜是雌雄异株，一棵蔬菜上只开雄花或只开雌花，如菠菜。

雄蕊顶端是花药，会产生花粉粒。雌蕊顶端是柱头，通过花柱连接着子房，一个精细胞和一个卵细胞结合后形成胚，另一个精细胞与胚珠中其他细胞结合，形成储存营养的胚乳。蜜蜂、蝴蝶等昆虫，还有风，都能把雄蕊的花粉带到雌蕊柱头上，起到授粉的作用。在蜜蜂、蝴蝶比较少见的家庭种植时，往往要进行人工授粉才能更好地结果。

5. 种子

成熟的蔬菜种子由种皮、胚和胚乳组成。胚又由胚根、胚芽、

图 0-7　苦瓜幼苗（摄影爱种花更爱种菜）

胚轴和子叶组成。种子在适宜的温度、湿度下，就会发芽生长。先是胚根生出往下扎，继而胚芽伸出往上长，冒出地面后长出幼叶、幼茎，形成幼苗。胚乳或子叶里储存着营养物质，是种子的“奶瓶”。种子在发芽生长初期所需要的营养物质都是由胚乳或子叶供给的，直到根长大能从土壤中吸收水分和养分为止。

蔬菜的土壤

由于滥用化肥和农药，使不少土地失去活力和肥力，所以我们在家庭种植时，一定要注意尽量不用或少用化肥、农药，而是尽可能地将粪便、草木灰、毛发、骨头、果皮、菜根菜叶等物质制成有机肥来使用，最大限度的改善土壤，并保持土壤的活力和肥力。

1. 土壤的基本成分

土壤的基本成分是沙子、黏土和腐殖质。

腐殖质就是动植物残体腐化分解后形成的物质，在山上树木繁茂、泥土肥厚的地方，拨开表面的落叶，底下一层黑色纤维状的土就是腐殖质。

沙子、黏土与腐殖质含量相等的土壤叫壤土，这是理想的种植土壤，这种土壤具有良好的排水性、保水性和透气性，并富含瓜果蔬菜生长所需的养分。

含沙子较多的土壤叫沙壤土；含黏土较多的土壤叫黏壤土；含腐殖质较多的土壤叫腐殖土。这种单一的土壤除个别品种外，在种植时都需要改良后再使用。

2. 土壤中的生命

土壤也是有生命的。土壤中的微生物、抗生素、真菌、蚯蚓等微小生物，就是土壤的生命。这些微小生物能将土壤中的动植物残体有效腐化分解，变成瓜果蔬菜可以吸收的养分。

土壤中有些微生物和真菌与蔬菜的根有着共生的关系。它们能够帮助根更好地吸收养分，或者为根制造某种养分，或是帮助蔬菜生长得更健康。根瘤菌就是这一类型的微生物。

土壤中还生存着许多致病病菌，同时也生存着青霉素、链霉素等抗生素。抗生素就像土壤卫士一样，与病菌作战，保护着蔬菜的健康。

土壤中还有许多蚯蚓。它们在土壤中钻洞穿行，吞食泥土，使得土壤透气、透水。它们还能分解有机质、杀死病菌和野草籽。蚯蚓排泄物还是上好的有机肥。

3. 土壤的酸碱性

一般的有机质如粪便、棉籽、锯木屑、落叶等，腐烂后都会产生酸，另外雨水也会使土壤变酸，自然状态下土壤是呈微酸性的。大部分瓜果蔬菜在微酸性的土壤中能生长良好，但有些却要在偏碱性或者偏酸性的土壤中才能长得好。因此，必须了解各种瓜果蔬菜的不同需要，也要知道您园中土壤的酸碱性。

用 pH 试纸可以测出土壤的酸碱性。pH 7 为中性，低于 7 为酸性，数值越小说明酸性越大；高于 7 为碱性，数值越大说明碱性越大。如果土壤太酸，可撒石灰石粉和草木灰来矫正；如果土壤过碱，可撒天然硫磺矿石粉来调整。

4. 土壤的翻耕和平整

在栽种瓜果蔬菜前，要充分翻耕和平整土壤。收割后，不要把瓜果蔬菜残梗留在地面，以免害虫在上面产卵，要尽快在地里撒上粪肥、矿石粉，然后将肥料和蔬菜残梗一同翻耕入土。

经过一段时间的晾晒后，将土掘松捣碎，用耙理出一块一块的菜畦。菜畦要高出地面 15 ~ 20 厘米，这样不会积水。菜畦的形状可以是方的，也可以是长的，或者其他你喜欢的形状。但菜畦的最大宽度不要超过 120 厘米，这样从菜畦两侧都可以够得着菜。菜畦的方向最好是南北走向，这样，每行菜都能得到同样的日照。菜畦之间要留出通道，以便走动和干活。最后，把菜畦表面耙平整，不要有坑坑洼洼。

◉ 小资料　轮作

轮作是在一定年限内，在同一块土地上，按预定顺序轮换栽种不同作物的种植制度。在一年多熟地区，一年内同一土地上为多茬式轮作，即轮作是在复种基础上进行，要求在同一土地上不但与上一年各季栽培的蔬菜不同，而且与它的前后所种蔬菜也不相同。合理轮作可有效地防除蔬菜的病、虫、草害，减少农药污染，保持地力，提高产量，降低成本。轮作的周期主要依据各类蔬菜主要病原菌在栽培环境中存活和侵染的不同情况而定。需相隔 2 ~ 3 年的有土豆、山药、姜、黄瓜、辣椒等；需隔 3 ~ 4 年的有芋头、大白菜、番茄、茄子、冬瓜、豌豆、大蒜、香菜等。

蔬菜的肥料

1. 肥料的成分

蔬菜正常生长需要多种化学元素，其中需要量大的有：碳 (C)、氢 (H)、氧 (O)、氮 (N)、磷 (P)、钾 (K)、钙 (Ca)、镁 (Mg)、硫（S）等。碳、氢、氧主要来自空气和水，其余元素主要来自土壤。对氮、磷、钾的需求最多，需要经常补充；其次是钙、镁、硫，一般土壤中的含量已经足够，不需要专门补充。除此之外还需要少量微量元素。落叶、干草、天然矿石粉和海藻等天然肥料里都含有多种微量元素。

2. 肥料的作用

碳、氢、氧是构成糖和淀粉的元素，而糖和淀粉是蔬菜的“食物”，是其自身生长所需能量的来源。氮能促进生长，使其枝叶繁茂，青葱翠绿；磷能促进成熟、开花、结果，还能使根系发达；钾能帮助制造和储存淀粉、糖分、油脂和蛋白质，还能提高抗旱、抗寒和抗病能力；钙使枝茎长得健壮结实，并能中和土壤中过多的酸，促进微生物和蚯蚓的活动。微量元素能增强抗病能力，促进土壤中微生物的活动，更好地吸收其他元素。

3. 肥料的分类

肥料分为有机肥和化肥两类。传统的有机肥料，像畜粪、禽粪、稻秆、落叶、草木灰等，埋到地里后会腐化分解，变成腐殖质。腐殖质含有丰富的养料，能使土壤疏松透气；腐殖质还能促进微生物和蚯蚓的滋生，而微生物和蚯蚓又能腐化分解更多的天然肥料，这样土壤就越来越肥沃。蔬菜在肥沃的土壤中生长，就会长得健壮，且不易受病虫害的侵袭。另外，天然有机肥料中的养料很全面，而腐化分解是个缓慢的过程，蔬菜就可以慢慢地吸收各种养料。这样虽然长得慢一些，却能得到均衡的发育，因而果实滋味也更纯正。

现在有不少朋友喜欢用化肥来种植蔬菜，认为这样既干净，又长得快，但是，种出来的蔬菜品质却大大降低，而且容易遭受病虫害的侵袭。因为化肥埋进土里后，永远不能变成腐殖质，微生物和蚯蚓也难以生存，土壤就会逐渐变得坚硬板结，越来越贫瘠。

4. 有机肥料的作用

大自然本身为我们提供了丰富的有机肥料，足以提供蔬菜所需要的一切元素。常见的天然有机肥料有：畜粪、禽粪、鸟粪、鱼粪、骨渣、豆渣、落叶、干草、草木灰、锯木屑、棉籽、糠秕、果壳、植物残梗、海藻、各种绿肥、碱性熔渣、泥炭灰，以及各种天然矿石粉。

各种粪肥都含氮、磷、钾，其中氮为主要成分；另外，鸟粪、禽粪中还含有丰富的磷；羊粪含丰富的钾；骨渣中主要含钙和磷，也含有少量的氮；落叶中含有氮、磷、钾，还含一些钙、镁和多种微量元素，落叶腐烂后呈酸性；棉籽偏酸性，含氮量很高，也含有少量磷和钾；糠秕、果壳含有一些钾、氮和其他元素；豆科植物的残渣（如豆渣、花生渣等）、残梗含氮量很高；豆科绿肥含氮量也很高；干草除了含有一些氮，还含有一些微量元素；泥炭灰本身不含什么营养，但是有很好的吸水性，能增加土壤透气性、排水性，并能帮助蔬菜更好地吸收养料；草木灰中含磷和钙，可用来中和土壤中过多的酸。

5. 肥料施用方法

撒播：在栽种蔬菜前，把腐熟沤制好的肥料撒在地里，翻耕入土，然后开始栽种。

作基肥：在栽种蔬菜前，把土掘开，将肥料埋在土中，上面盖上土，再在上面撒种栽种。蔬菜长起来后，根就会从埋在下面的肥料里吸收养料。不过要注意肥料不要和种子直接接触，以免幼根被肥料所伤。

作追肥：蔬菜栽种后，往往还需要再施两、三次追肥。可以在蔬菜行列旁挖一条浅沟，将肥料埋入后盖上土，浇水。沟不要距蔬菜太近，不要碰到根和叶。

作液肥：用沤制好的液肥浇蔬菜，见效非常快。不过浓度要适宜，否则容易造成烧伤。如果浓度比较高，浇完肥后，一定要用清水再洒一遍，以免造成烧伤。

◉ 小资料 自制堆肥

堆肥是模拟自然界产生腐殖质的过程来制造有机肥，它利用微生物、真菌来把有机物材料腐化分解成腐殖质。堆肥制作是种植有机瓜果蔬菜的基本技术。选择一块不会积水的土地，挖一个土坑，深 1 米，长、宽各 1.5 米，然后开始一层一层往里堆积肥料。

图 0-8 绿色肥料（摄影青草记）

首先铺一层约为 15 厘米厚的“绿色肥料”。“绿色肥料”指的是落叶、枯草、果皮、菜叶、庄稼残梗之类的肥料；

图 0-9 棕色肥料（摄影青草记）

然后在上面铺一层约为 5 厘米厚的“棕色肥料”。“棕色肥料”指畜粪、禽粪、棉籽、豆子等含氮量很高的肥料，“棕色肥料”为微生物提供能量，可分解“绿色肥料”；

再撒一层薄薄的草木灰，草木灰也可用石灰石粉代替。腐殖质中含有很多微生物和真菌，起到“酵母”的作用。由于动植物腐化分解后会产生酸，而微生物和真菌不喜欢在酸性环境中生活，所以要撒一些草木灰或石灰石粉来中和酸。

图 0-10 草木灰（摄影青草记）

这样就堆好了第一层，接着开始堆第二层，方法和第一层一样。这样一层一层的堆上去，堆到大约1.5米高为止。然后在上面盖上一层厚厚的草或者土，以减少水分蒸发。注意堆肥的时候不要把材料踏实，要保持疏松透气和湿润，因为微生物和真菌也要空气和水才能生存。另外，堆的时候最好插几根粗木棍在肥堆中，堆完后拔出做气洞，这样会更透气。最后，给肥堆浇水，要浇透，但不要变成稀烂。以后还要适当浇水，使肥堆保持湿润。

如果做法正确，过几天肥料就会开始腐烂发酵。发酵会产生很多热量，使肥堆温度升高，最高的时候可能会达到75℃。在这样高的温度下，绝大多数野草籽和病菌都会被杀死。3个星期后，把肥堆翻一翻，将里面的材料翻到外面，把外面的材料翻到里面。再过5个星期，再把肥堆翻一翻。再过4个星期，所有的材料应该都被充分腐烂分解了。这时堆肥就做好了，合起来前后总共需要3个月的时间。

◎ 小资料　用桶和塑料袋做堆肥

城市中的您如果没有地方做大的堆肥，也可以放在桶里做。先在桶底铺上一层干草、落叶和腐殖土，以后每天把果皮、花生壳、豆渣、菜叶之类的厨余垃圾丢进去。每次丢进垃圾后，马上撒一层草木灰或土盖上，就不会招引蚊虫，也不会散发出臭味了。等桶装满后，洒一些水，翻搅均匀，全部倒入一只结实的大号购物袋中。将袋口扎紧，放在晒得到太阳的地方发酵。两个月之后，就可以用了。

蔬菜的种植季节

每种蔬菜都有一定的栽种时间。种得早了可能出不了芽，种得迟了又没有时间长大，所以一定要把握好栽种时间。每种蔬菜对温度都有不同的要求，有的喜热，有的喜寒；它们的生长周期也有长有短，这些因素决定了它们的栽种时间。

蔬菜一般分为喜热型、喜寒型和耐寒型三大类。喜热型就是不禁霜打的蔬菜。如：番茄、茄子、青椒、红薯、四季豆、毛豆、豇豆、西瓜、南瓜、黄瓜、葫芦、苦瓜、丝瓜、苋菜、蕹菜、芋头等。喜寒型就是不耐热，幼苗时需要凉爽的天气，成熟时霜寒可以增进风味的蔬菜。如：大白菜、白萝卜、芥菜、甘蓝、卷心菜、花菜、土豆、生菜、莴苣、胡萝卜、芹菜、甜菜、菠菜、香菜、小白菜、洋葱、葱、韭菜等。耐寒型就是可以在南方地里过冬的蔬菜。如：蚕豆、豌豆、油菜等。

大致来说，喜热型蔬菜，要在春季解霜、天气转暖、气温稳定后栽种。长得比较慢的要先在温室里育苗，以保证能有足够长的时间成熟。至于长得快的蕹菜、苋菜等，则可以从春季一直种到夏末初秋。

喜寒型的蔬菜，在没有霜的地区，秋季和冬季都可以种；有霜的地区，要在夏末初秋种，以保证在降霜前成熟。在寒冷的地区，春季也可以栽种，不过需要先在温室里育苗，再移栽到户外。成熟得快的品种如樱桃小萝卜、小白菜、生菜等，不管是南方北方，春季都可以栽种。

耐寒型的蔬菜，幼苗期间非常耐寒，但需要温暖的天气才能长大成熟。所以一般在初霜前一些时候栽种，使其长出幼苗来过冬。在寒冷的冬天，幼苗并不会冻死，但几乎停止生长，等来年开春天气转暖后，继续生长。

大多数蔬菜是喜阳的，所以菜园要开在向阳的地方。最喜阳的是那些瓜果类蔬菜，如青椒、南瓜、番茄、茄子之类，因为它们的果实需要充分的日照才能成熟。它们每天需要至少8个小时的日照，才能长得好。其次是那些根类蔬菜，如：土豆、胡萝卜、白萝卜、红薯之类。它们至少需要半天的日照，才能长得好，因为它们需要日照来制造糖分和淀粉储藏在根部。叶类蔬菜对日照要求不那么高。其中芹菜、生菜、茼蒿、薄荷是比较喜阴的。

蔬菜的播种

1. 检查种子是否过期

过期的种子不能发芽，可以根据种子袋上的说明判断种子有没有过期，因为种子袋上一般都标有种子的发芽期。

大部分种子，直接埋在土里就可以发芽了，但有些蔬菜种子需要特别处理才能发芽。例如，葫芦科的需要先浸泡催芽再种；菠菜、生菜、香菜的种子需要先放在冰箱里“冷藏”几天才能萌发。应当仔细阅读种子袋上的说明，了解种子是否需要特殊处理。如果没有特殊说明，就可以直接播种。

图 0-11　种子（摄影爱种花更爱种菜）

2. 播种方法

播种方法主要有撒播、条播、点播和穴播四种。

(1) 撒播。小白菜、鸡毛菜、娃娃菜、油麦菜、苋菜等密集种植的速成菜可以撒播，方法是将地施肥平整后，直接将种子撒在地面，为了撒播均匀，可以先用 3 倍的细沙掺和后再撒，一般不用覆盖种子，撒后喷水，如果天气炎热，可以盖覆盖物或用遮阳网覆盖。

(2) 条播。葱、蒜、香菜、香芹等小型蔬菜，可以用条播。方法是用锄头在田面上挖出浅浅的播种沟；然后将种子均匀的撒在浅沟里。一般 3 厘米距离撒 2 ~ 5 粒种子比较合适。如果种子太小，可以先用 3 倍的细沙掺和后再撒，就不至于撒得太密了。播后撒上 3 ~ 6 毫米薄土覆盖种子，然后将土压实，如果种子非常小，就不必盖土，只要把土压实就行了，用喷水壶轻轻洒水。

(3) 点播。豆类、花生等蔬菜，可以用点播。方法是用铲子或者小锄头在土里挖出浅浅的播种穴；在每个穴里撒上 3 ～ 5 粒种子，注意要让种子互相隔开一点；播后撒上 1 ～ 2 厘米薄土覆盖种子，然后将土压实，用喷水壶轻轻洒水。

(4) 穴播。如果是栽种花菜、大白菜、茄果、瓜类等吃肥多的大型蔬菜时，要用穴播法。先挖出播种穴倒入基肥，用土将播种穴填平，然后每穴撒上 3 ～ 5 粒种子，将种子压入土中。入土深度因种子大小而异。瓜类种子需埋入土中 1 厘米左右，而番茄、大白菜只要 3 ～ 5 毫米就可以了，然后用喷水壶轻轻洒水。

关于种子埋入土中的深度，原则上是大种子要埋得深一些，小种子埋得浅一些，一般为种子宽度的 2 ～ 3 倍。天气暖和时，要埋得深一些，天气寒冷时，要埋得浅一些。

种子需要潮湿的环境才能发芽，所以要注意多浇水，不要让表土变干。一般种子发芽期间，每天都要浇水，在干燥和炎热的季节里，一天可能要浇两次或更多次水。

3. 间苗

小苗长出真叶后要进行间苗，过于拥挤就会为了争夺阳光而拼命长茎，结果一棵棵都变成了容易倒伏的“长腿苗”。间苗能使每棵菜都得到充分的阳光、水分和肥料，也能使空气保持流通，防止病虫害。病弱的菜苗要及时剔除，使疾病不致传播。幼苗之间的距离，要保证叶与叶彼此相接而不重叠。用撒播法和条播法栽种的菜苗，要不断间苗，稍大一些的叶类间苗菜，就可以食用了。用点播法和穴播法栽种的菜苗也要间苗，每穴留下 1 ～ 2 株最健壮的幼苗。

4. 育苗

种子发芽和幼苗生长，对光照、土壤、温度、湿度的要求都比较苛刻，所以需要精心照料。为了提高种子的发芽率和幼苗的成活率，或者想要提前品尝时令瓜果蔬菜，那就要采取育苗的方式。

(1) 育苗时间。在寒冷的地区，育苗不要开始得太早。一般来说，需要 4 个月以上才能成熟的蔬菜，可以比在地里栽种提前

6～8周育苗，如果3～4个月就能成熟的蔬菜，可提前4～6周育苗，而3个月以内就能成熟的蔬菜，只要提前2～4周育苗就可以了。

（2）育苗容器。育苗箱可以买现成的，也可以自己用木板做一个。育苗箱的宽度和长度一般为30和45厘米，高度为10厘米。最重要的是箱底必须有一排排水孔，或是一道0.5厘米宽的排水缝。如果您用大号的花盆代替育苗箱也可以。

为了移植时不损伤根系，也可以用育苗钵，市面上可以买到各种规格的塑料育苗钵、泥炭钵、纸制育苗钵。另外，一次性的纸杯、酸奶杯、冰淇淋杯、易拉罐、矿泉水瓶也都可以改装成育苗钵。育苗钵的口径要看种的是什么菜，大菜用大钵，小菜用小钵。一般口径为6厘米左右即可。

（3）育苗土壤。菜园里和花盆里的土最好不要直接用来育苗，因为育苗土要求疏松透气、养分完全、保水保肥、没有病虫、浇水不板结、干时不龟裂，育苗箱的土还要具有一定黏性，以保证起苗时不散土坨。市场上能买到现成的育苗土，其主要成分是蛭石、泥炭苔、珍珠岩、矿砂，加上一些肥料配制成的。还可以自己配制育苗土，一种比较简单的配方是：将3份堆肥、6份消毒过的园土、1份沙子用网眼为3～6毫米的筛子筛过再配制。园土消毒可以把土装在密闭容器里，用85℃在烤箱里烘烤10分钟，或者放在蒸笼里蒸上十几分钟。也可以选一个晴朗无风的日子，在户外将干草连根带土堆成一堆，点火燃烧，趁火势正旺的时候，将干土撒上去，使火势降下来，慢慢地烧，火灭后把土和灰混合均匀，用筛子筛过，就可以用来配制育苗土了。

5. 育苗场地与简易温室

育苗箱和钵必须放在背风、向阳的地方，家庭里宜放置在南窗台或南阳台，保证每天至少要有5个小时的日照。如果天气比较寒冷，还需要保温。具体做法就是选取合适的塑料袋在土上面平铺一层，再在育苗箱外套上一层。

利用天棚进行育苗，就是用竹片或者铁丝做骨架，用塑料薄

图 0-12　在大棚里育出来的蕹菜小苗（摄影青草记）

膜做棚子来进行育苗。

一般来说，种子在 18 ～ 24 ℃的温度下比较容易发芽。多数种子在 6 ～ 20 天内会发芽。种子发芽后，要把育苗箱放在阳光充足、背风的地方。但要注意，不要让幼苗被晒蔫。幼苗的根很浅，所以开始时，要在上午浇水，不要让表土变干。随着幼苗长大，要减少浇水，增加日照和通风。

蔬菜的移栽

蔬菜的移栽有一次移栽法和二次移栽法。

1. 一次移栽法

一次移栽法就是将育苗箱的菜苗直接移栽到地里。幼苗移栽方法是：先洒点水，把育苗箱里的土润湿。然后用刀把土切成块，一块一块连苗带土拿出来，将幼苗分开埋入定植穴中。注意尽量不要让根裸露出来，也不要把根弄断。

2. 二次移栽法

二次移栽法就是将育苗箱的菜苗先移栽到育苗钵里，过一段时间再移栽到地里，主要适用于育苗期较长的品种，比如辣椒、番茄等蔬菜。

育苗箱生出来的菜苗长出第一对真叶后，就要马上移栽到

单独的育苗钵里，使它们有充分的空间生长。因为此时移栽对根的伤害是最小的。移栽前先给幼苗洒点水，把土润湿。将育苗钵装上育苗土，使土离钵口1厘米。在钵中央用筷子戳一个小洞。然后一只手捏住一片胎叶，另一只手用小螺丝刀将幼苗连根铲起，放入育苗钵中戳好的小洞里。将幼苗放正，注意不要让根挤作一团，而要自然地伸展开。然后将土盖好压实。土要埋到胎叶下方，这样幼苗才长得稳。注意给幼苗浇水、晒太阳和透气。

当菜苗长到足够大，就可以移栽到菜地里，移栽宜选择无风的傍晚或是阴云的白天进行。先给育苗钵里的幼苗浇一些水，把土润湿。然后在菜畦里挖好定植穴。穴的大小和深度以能容下育苗钵为准。将幼苗去钵放入定植穴中，用土将穴填满压实。幼苗可以种得比在育苗钵中略深一些。最后给幼苗浇足水。

◎ 小资料　覆盖

覆盖可以吸收和存储水分，减少水分蒸发，在干燥炎热的季节尤为必要；覆盖可以保护土壤免受雨水的直接冲刷，减少水土流失，使土壤不致板结；覆盖可以抑制野草的生长，节省了除草的工夫；覆盖可以保持土壤温度稳定，使蔬菜不受天气骤冷或骤热的伤害；覆盖可以保持地面干净；覆盖物在日晒雨淋下，渐渐腐化分解，融于泥土中，也是上好的肥料。

可以用作覆盖物的东西有：稻草、麦秆、干草、落叶、锯木屑、棉籽、糠秕、碎树皮、半熟的堆肥、豆科植物的残梗等等。不过，锯木屑用来做覆盖时，最好下面先施一层粪肥，以提供锯木屑腐烂分解所需的氮。

覆盖的厚度要看用哪种覆盖物而定，落叶、干草之类蓬松的覆盖物需要10～15厘米的厚度，而树皮、锯木屑之类只要5厘米就够了。当把覆盖物均匀地铺在田面、田间以及蔬菜周围时要注意不要让覆盖物碰到菜茎。不过，如果土壤太黏重，使用覆盖反而有害无益。

蔬菜的浇水

1. 看品种浇水

最喜湿的是那些原本是水生植物的蔬菜，如芋头、空心菜、芹菜等。其次是瓜果类蔬菜，如黄瓜、丝瓜、葫芦、番茄等。这些蔬菜由于枝叶多，果实中含大量的水，因此水分消耗大，开花结果时需要大量的水，所以要多浇水。再其次是叶类菜，叶类菜不耐旱，如果太干，会变得老硬难吃。白萝卜、胡萝卜之类的根类菜不能太湿，也不能太干。瓜果类中，南瓜、西瓜比较耐旱，根深可达 2 米，只要在开花结果期间浇一些水就可以。豆类比较耐旱，但在开花结果时需要多浇一些水。花生、大豆、绿豆等矮生豆类都是非常耐旱的。特别耐旱的蔬菜是红薯，只要开始走藤，就不必浇水了。

2. 浇水量的控制

人们往往以为蔬菜要每天浇水，其实不然。每天点眼药似的洒一点水，不如一个星期充分地浇一、两次水，也就是干就干透，浇就浇够。因为，每天洒一点水，只有表面一层土壤会被湿润，蔬菜的根为了吸收水分就浮于地面，不能往下深扎。而一次浇足水，使深层的土壤都吸收到水分，当表层土壤渐渐变干时，蔬菜就会把根往深处扎，从深处吸收水分。每次浇水要浇足，保证水分渗至 10 ~ 15 厘米深才好。在干燥炎热的季节，浇水次数可适当增加。不要等到蔬菜叶子发蔫了才浇水。浇水的时间，一般来说，冬天在上午，夏天在早晨浇水比较好，可以供应一天的水分蒸发。

3. 生长期巧浇水

(1) 一般来说，育苗的时候需要多浇水，等长大一些，根扎住了，要少浇一些水，促使根往下扎；但在开花结果时又要多浇一些水，以供应结果时的需要；待果实将近成熟时，要停止浇水，以减缓枝叶生长，将营养集中供给果实，促进果实成熟。另外，浇水的多少也因蔬菜而异。喜湿的蔬菜、根扎得浅的蔬菜要常浇水，耐旱的蔬菜、根扎得深的蔬菜要少浇水。

(2) 瓜果类蔬菜，在开花结果期间要勤浇水，因为它们的果实含水量很高，结果需要耗费大量的水。不过在开花之前，只要注意覆盖，也不必过分浇水。黄瓜、丝瓜之类需水量非常大的蔬菜，可以在瓜藤旁边埋入一个大号花盆，盆底排水孔用一团泥巴堵住，盆里倒满水。这样，水可以慢慢渗透到土壤中，供水给瓜根。

(3) 块茎类蔬菜，像土豆、芋头、大蒜、红薯等蔬菜，在块茎形成后就要渐渐少浇水，最后停止浇水，以抑制地面茎叶的生长，把养分集中到块茎上。

蔬菜的追肥

如果基肥不够，在蔬菜生长和开花结果之前，还要进行追肥。一般来说，叶类菜需要经常追肥，薄肥勤施，多施粪肥、液体豆肥等含氮高的肥料能使菜长得又快又大。茄果和瓜类蔬菜如果底肥下得足，就不必追氮肥。如果底肥不足，在幼苗生长期可以追一些氮肥，长大后，太多的氮肥会使枝叶生长过旺，花期推迟，甚至不能开花结果。但可以在开花前，追一次磷肥和钾肥，以促进开花结果。根类蔬菜也是如此。太多的氮肥会使枝叶长得多，根却长不大。但可以追钾肥和磷肥以促进根系生长，有利糖分、淀粉的制造和储存。

蔬菜的搭架

有的蔬菜的叶和果如果匍匐在地上，容易受到霉菌、虫害的侵袭。所以，苦瓜、丝瓜、葫芦等大型蔓生蔬菜需要搭棚。南瓜

图 0-13　丝瓜棚（摄影青草记）

图 0-14　番茄架（摄影青草记）

虽然匍匐在地上也可以长，但是如果场地不够大，也可以搭棚，以节省空间。黄瓜、豌豆、四季豆、豇豆、扁豆等蔓生蔬菜需要搭架，搭架的高度以方便摘豆为准。番茄、辣椒和茄子等蔬菜虽然不是蔓生蔬菜，但也需要立支柱，才不致倒伏。用软布条先在支柱上紧紧缠绕两圈，再绑在蔬菜的主茎上，可以防止打滑。注意不要让支柱压迫枝干或果实。

蔬菜的日常管理

蔬菜种下后，还需要精心管理，悉心照料，才会有好收成。要经常到菜园里走一走，看看菜苗是否长得太挤，有没有野草，有没有虫子，需不需要浇水、追肥，是不是需要覆盖、搭架、立支柱等等。

瓜果类蔬菜需要及时管理，才能结出又大又好吃的果实。番茄需要及时摘除腋芽，并适时地摘除主芯。茄子需要及时摘除主芯、腋芽和剪枝。黄瓜、丝瓜、南瓜、苦瓜、葫芦等瓜类蔬菜都要适时摘芯、剪藤。

人工授粉很重要，不少朋友常说种的蔬菜不结果或者结果很少，这是因为有些蔬菜，如南瓜、黄瓜、冬瓜、苦瓜、丝瓜、葫芦等瓜类蔬菜的花分雌花和雄花，雌花如果没有授粉就不能结出瓜来。如果当地少见蜜蜂等昆虫，就要进行人工授粉。

如何辨认雌花、雄花呢？雌花花蒂下面膨胀出来，有一个小瓜儿，雄花花蒂下面则没有小瓜儿。由于花粉容易散失，人工授粉应在早晨8时之前进行，选择初开的雄花和雌花，才比较容易成功。先将雄花采下，摘除花瓣。然后用雄蕊轻轻地摩擦雌花的柱头，使花

图 0-15　南瓜雌花（摄影青草记）

图 0-16 丝瓜雌雄花（摄影爱种花更爱种菜）

粉落在柱头上。为了增加成功的机会，可以用几朵雄花为一朵雌花授粉。授粉后几天，雌花谢落后，如果花蒂开始膨胀，就说明授粉成功了，不然就是失败了。

◎ 友情提示　蔬菜日常管理清单

①是否需要浇水；
②是否需要间苗；
③是否需要追肥、除草或松土；
④是否需要覆盖、遮阳和保温；
⑤番茄、辣椒等要不要立支柱；
⑥瓜豆之类需不需要搭架、搭棚；
⑦茄果类要不要摘除腋芽和疏枝修剪；
⑧瓜类要不要修理藤蔓和人工授粉；
⑨有没有虫害，随手摘除遭虫害的枝叶；
⑩有没有成熟的蔬菜需要采收。

蔬菜的病虫害防治

1. 预防

（1）改良土壤，增强蔬菜抗病能力。播种前进行土壤处理，消灭地下害虫，每667米^{2}用辛硫磷0.2～0.25千克，配土20～25千克充分混合，在翻地整地时均匀撒于田间，翻地时把药土翻入。

（2）保持菜地环境卫生清洁，不给害虫、病菌立足之地。及时处理田园内的残株败叶，间去病虫苗。菜蚜是多种病毒的传播者，必须注意及时防治，发现后立即控制发病中心。用40%乐果乳油1 000～2 000倍液、50%马拉硫磷乳油1 500～2 000倍液、70%灭蚜松可湿性粉剂2 000倍液进行防治，也可用满净烟剂熏蒸治蚜虫、粉虱和红蜘蛛，用量为每667米^2 350克进行防治。

（3）不给害虫产卵的机会。收割后，不要让蔬菜的残梗留在地面上，以免地老虎之类的害虫在上面产卵。可以把它们埋入地里，或者拿去做堆肥。加强耕地除草、减少病虫害发生、轮作倒茬也可避免多年连作而染病害。

（4）土壤太湿以及空气污浊会导致和招引许多病虫害。如根腐病、白蝇等。所以要注意菜园的排水，使土壤不致太潮湿。良好的空气流通也很重要。要注意间苗，使蔬菜不致长得太拥挤。

（5）土壤的酸碱性失衡也会导致某些病虫害。不过，土壤中腐殖质的成分越高，蔬菜受酸碱性的影响就越小。

（6）采用多样化种植。某些蔬菜和其他蔬菜种在一起，可以减少病虫害的发作。比如，番茄和白菜、卷心菜种在一起，可以帮助它们驱除菜粉蝶。南瓜和菜瓜都有驱蝇的作用。大蒜有很好的杀菌杀虫作用，可以与小白菜等蔬菜套种。香菜和芹菜都可以杀死蜘蛛、螨虫和蚜虫。

图 0-17　大蒜和小白菜套种（摄影青草记）

图 0-18　大蒜和莴苣套种（摄影青草记）

(7) 采用轮作。年复一年的在同一块地里栽种同一种或同一科的蔬菜，会导致品种退化和病虫害加剧。轮作是防止和控制病虫害的重要方法。

(8) 选用好种子。选择抗病能力强的优良品种，能减少病虫害的发作。另外，种子要保持干净，因为种子携带的霉菌、病菌，往往会导致蔬菜发病。

(9) 栽种时间要合宜。不适时栽种的蔬菜容易遭受病虫害的侵袭。

(10) 生物农药防治。用抗枯宁灌根、浸种，对白菜及瓜类蔬菜的白粉病、枯萎病、叶斑病等有良好的效果。

2. 控制

(1) 捉虫。原始却有效的方法。要经常留心菜叶正反面和周围的泥土，观察有没有害虫的迹象。

(2) 隔离。一旦看到遭病虫害感染、侵食的枝叶，就应立即摘除，扔去做堆肥，受害太深的蔬菜当连根拔起，扔去做堆肥。

(3) 自制天然杀虫剂。有许多简单而有效的配方，一些不受虫害影响的蔬菜体内含有抗病驱虫的物质。辣椒、大蒜、芦笋汁等可以用来制作驱虫剂，研磨成粉或榨取汁液，喷洒在蔬菜和种子上可以起到杀菌驱虫的作用。

(4) 深耕土地，可以控制地老虎、棉铃虫、叶蝉、蚜虫、蝼蛄之类的害虫。这些害虫喜欢在夏秋收获后把卵产在庄稼残梗上或者泥土里。所以，秋季收获后把地深耕一遍，把庄稼残梗埋入土中，可防止害虫在上面产卵。栽种之前再把地翻耕一遍，会除灭大部分残留的害虫。翻耕的深度至少要有15 厘米。

(5) 用保护套保护幼苗。用棕色硬纸皮包在幼苗的茎上，插入土中 5 厘米，露出地面 3 厘米左右，可以有效地防止地老虎来咬断幼苗。这种方法也可以用来对付棉铃虫。

(6) 撒面粉。清晨趁露水未干时，撒一些面粉在白菜或卷心菜叶上，近中午时，就会看到一只只肥胖的菜青虫，在面糊中挣扎着，在太阳的暴晒下死去。

(7) 撒草木灰。在蔬菜周围撒一圈草木灰或石灰石粉也可以保护蔬菜不受地老虎之害。注意不要把灰撒在菜叶上。

(8) 在蔬菜旁边放一碗啤酒，可以诱使蜗牛和鼻涕虫跌入淹死。也可以在菜畦四周撒一圈粗沙、煤渣或石灰石粉，保护蔬菜免遭蜗牛和鼻涕虫之害。

总而言之，遇到病虫害时，尽可能不要使用农药和化学杀虫剂，尽可能用简单而自然的方法解决。

◎ 小资料　喷洒药液注意事项

喷洒药液时间以清晨或凉爽的傍晚为佳。气温高于 26℃时不宜用药，以免造成烧伤。最好在大量使用前，先做一下实验，等 24 小时后看有没有不良反应，如果没有，再进行喷洒；如果没有什么效果，不要认为增加浓度就一定有效，而要想别的办法。喷洒药液时要注意保护自己的皮肤、眼睛和呼吸器官。

◉小资料　蔬菜禁用的农药

①已禁止生产的农药：六六六、DDT、杀虫脒、氟乙酰胺、砒霜、西力生、散力散。

②高毒农药：甲胺磷、甲拌磷（3911）、治螟磷（苏化203）、对硫磷（1605）、甲基1605、内吸磷（1059）、杀螟威、磷胺、异丙磷、三硫磷、氧化乐果、水胺硫磷、氯化苦、二溴氯丙烷、401、胺氢菊酯、甲基异柳磷。

③高残留农药：三氯杀螨醇、氯丹。

④与上述②和③复配的农药：如与甲胺磷、水胺硫磷复配、混配的产品。

⑤未在蔬菜上使用登记的农药品种。

◉小资料　自制驱虫剂

柑橘皮驱虫剂：柑橘类的水果含有柠檬烯和芳樟醇，可以杀死蚜虫、菌蚊、粉蚧等软体害虫，还可以驱蚁。用2杯沸水冲泡一只柑橘皮，放置24小时后，加入几滴药皂皂液，即可喷洒。

大蒜驱虫剂：可除蚜虫、粉纹夜蛾、蚂蚱、螨、叶蝉、鼻涕虫和菜粉蝶等害虫。大蒜中含硫，所以也有很好的杀菌消毒的功用。将蒜瓣切末，浸泡在植物油中24小时，然后用两汤匙加半升水，再加1汤匙药皂皂液，喷洒。这样制成的药液放置数月后仍然有效。注意：温度高于26℃时不要使用，湿度太大时也不宜使用，以免造成烧伤。

辣根除虫剂：可治蚜虫、毛虫、菜粉蝶及各种软体害虫，包括鼻涕虫在内。将3升水煮沸，加入2棵红辣椒、3厘米辣根（一种香料）切碎。搁置1小时后，冷却滤渣，喷洒。如果能加入2杯天竺葵液效果会更好。

石灰石粉（碳酸钙）除虫剂：可除黄瓜叶甲螨类以及其他常见害虫。将25克石灰石粉掺1千克水，再加1汤匙药皂皂液。每星期最多喷洒两次。

除虫糖水：可消灭可恶的线虫，还可以增加土壤中的微量元素。用半杯糖加 4 升水，待溶解后倒在遭虫害的植物根部。如果在栽种前喷洒土壤，也可起到预防作用。

草木灰除虫剂：50 千克清水中加 10 千克草木灰，拌匀浸泡一昼夜后过滤，取滤液喷雾能防治菜青虫和蚜虫。

蔬菜的收获

收获也有很多学问，蔬菜的营养价值跟收获的时间密切相关，收得太早，菜的收益不高；收的太迟，菜又变得又老又硬。傍晚时分摘的菜营养价值要比早晨摘的高，晴天采的菜比阴雨天的好。不过生菜、芦笋之类的蔬菜，早晨采摘的最鲜嫩。

各种菜豆在豆荚已经完全长大，但里面的豆子还嫩小的时候采收。

卷心菜、大白菜在菜心变得结实，但还没有裂开之前采收。

胡萝卜、白萝卜之类的根菜，要在根完全长大之前采收，这时正值它们又嫩又脆的时候，无论生吃还是熟食都又嫩又脆，十分可口。

甜玉米待穗子变干焦，玉米粒变饱满，但还没有变硬之前采收，可以用指甲掐一下，看有没有乳汁流出，趁有乳汁的时候采收才好吃。

黄瓜、葫芦、丝瓜之类的夏瓜，要趁嫩的时候采收，用指甲掐一下，就可以知道是否还嫩；南瓜、冬瓜等瓜皮坚硬，指甲不易掐破时再采收，连着 3 厘米长的瓜藤割下，以便于储藏。

茄子当表皮上出现一层紫色光泽时就可采收。等表皮暗淡时，茄子已经太老了。

青椒要变得硬挺，但还没有完全长大时采收。红辣椒要等果实完全变红之后采收。

土豆开花后就可以采挖。幼嫩的土豆皮薄，易剥落，不过幼嫩的土豆不宜储藏。土豆会一直长大，直到藤枯死为止。藤枯死后采收的土豆能长期储藏。

番茄待整粒果实均匀变红后，赶在果实变软之前采收。

菠菜、生菜之类的绿叶菜，要趁嫩采收。长到中等大小时采收最好，不要等到完全长大，否则就太老了。

蔬菜在采收后 24 小时之内，维生素 C 会损失近半，其他种类的维生素或多或少也会损失一些，另外糖分还会转变成淀粉和纤维，使菜变得老硬难吃。即使把蔬菜放在冰箱里保存，仍然不能停止某些酶的活动，这些酶会使蔬菜变色、变味，直到发出臭味。因此，蔬菜最好要现采现吃。这也是自己种菜的好处之一，因为您总能吃到最新鲜的蔬菜！

◉ 小资料　蔬菜的营养

红薯、土豆、山药等根类蔬菜也是人体所需淀粉的来源；豆类、花生、向日葵籽、芝麻含有优质的油脂；豆类、花生、蘑菇、芦笋、青花菜、结球生菜等蔬菜的蛋白质含量比较高，是理想的蛋白质来源。

除此之外，蔬菜中含有各种维生素，包括维生素 A、维生素 C、B 族维生素、维生素 E、维生素 U、维生素 K 等等。含维生素 A 较多的蔬菜有胡萝卜、红薯、南瓜等黄红色蔬菜，还有大白菜、菠菜、青花菜、甜菜等绿叶菜；含 B 族维生素较多的蔬菜有花生、菠菜、青花菜、豆荚、南瓜等；维生素 C 在蔬菜中普遍存在，其中以青椒、番茄、菠菜、青花菜、卷心菜、大白菜、苋菜等尤为丰富；豌豆、黄豆、菠菜、卷心菜中都含有丰富的维生素 E；卷心菜含有丰富的维生素 U；卷心菜、菠菜、花椰菜等蔬菜含维生素 K 较多。

蔬菜除了含丰富的维生素外，还是人体矿物质的主要来源。根类蔬菜含丰富的钾；绿叶蔬菜含有丰富的钙；菠菜、卷心菜、大白菜、甜菜、芥菜、豆荚、南瓜等含有丰富的铁；豆类、花生、豆荚等种子里含有较多的磷。

蔬菜中还含有大量的纤维素，有利于促进肠胃蠕动，可以起到促进消化和预防便秘的作用。除此之外，许多蔬菜还有特殊的保健作用。

蔬菜的储藏

如果蔬菜种的比较多，一时吃不完，就要想办法将蔬菜储藏起来；北方的冬季寒冷而漫长，秋季要充分储藏蔬菜，以备严冬匮乏时食用。

豆荚、芦笋、菠菜、空心菜、生菜之类的菜比较容易坏，一般只能放 1 ~ 2 天的时间。青花菜、花椰菜、卷心菜、洋葱之类的蔬菜可以储藏 2 ~ 3 周的时间。而像土豆、胡萝卜、白萝卜、甜菜、南瓜、芹菜、大白菜之类的蔬菜则可以储藏较长时间。

储藏蔬菜时，温度和湿度是关键，不同蔬菜对此要求不一样。

胡萝卜、甜菜、白萝卜、芹菜之类的阴冷潮湿型蔬菜，需要 0 ~ 4℃低温，90% ~ 95%的湿度环境下储藏，可以将这一类蔬菜埋在潮湿的沙子里保存。

土豆、大白菜、卷心菜、花菜之类的蔬菜，需要 0 ~ 4℃的低温和 80% ~ 90%的湿度，但不要太潮湿。可以将土豆放在储藏室里保存；而大白菜、卷心菜和花菜的气味比较浓，可以放在户外挖的白菜沟里保存；如果大白菜是连根拔出的，把根插在沙中，可以保存更长时间。

洋葱、豆类、花生之类的蔬菜，要求干燥、凉爽的环境。洋葱采收后要先晾上 7 ~ 10 天，再放在通风、干燥的架子上保存，或是装在透气的麻袋和木条筐里，放在通风、干燥的地方保存。至于豆类和花生要先晒干，然后放在干燥、密封的器皿里保存。南瓜之类的蔬菜，要求温暖、干燥的环境。最好放在通风的架子上，彼此不要接触。

除此之外，我们还可以将吃不完的蔬菜，比如白萝卜、豇豆、扁豆、四季豆、茄子、辣椒等做成干菜，既耐嚼，又香醇，是一种别有风味的美食。做法是选好而嫩的蔬菜，洗干净切丝、切丁或切成块，然后置于蒸锅中蒸数分钟，或者放在煮沸的开水中烫数分钟，以停止酶的活动。然后将菜沥干，放在阳光下晒干保存。

◎小资料　常用农具

当您满怀热忱开始种植瓜果蔬菜时，一定要准备一些合适的劳动工具，这样用起来才能得心应手。在购买工具时，要考虑使用者的体力与身量，不要买太大太沉重的，尤其是给孩子们买的工具，一定要小巧可爱些。另外，工具的质量也是非常重要的。一开始不需要买很多工具，只要买几件必需的就行了，其余的等以后觉得非常需要了再逐渐添置。

一般来说，需要准备下列工具：

锄头：这是一件多功能的工具，可以用来挖地、锄草；

铁锹：用来铲土，翻地；

小铲子：用来移栽；

网眼为 2 ～ 3 毫米的筛子：用来筛土；

耙子：用来把田面耙得平整；

喷水壶：用来浇水；

园艺手套和一顶草帽：用来保护手和避免太阳暴晒。

辛辣类

XINLALEI

叶片及柄有特殊香味的蔬菜为辛辣类蔬菜

葱

中文名：葱
别　名：大葱、四季葱
科　属：百合科蒜属

形态习性

葱起源于我国西部和俄罗斯西伯利亚地区，在我国具有 3 000 多年的栽培历史。世界上已知的葱有 500 多种，是一个庞大家族。

葱在中国是一种很普遍的调味品或蔬菜。多年生宿根草本，以叶鞘和叶片供食用。中国人习惯于在炒菜前将它和姜切碎一起下油锅中炒至金黄后，再将其他蔬菜倒入锅中炒。也有在做汤面时，将切碎的葱末撒在汤面上。葱含有丰富的蛋白质、脂肪、糖、维生素、胡萝卜素和磷、钙、镁、铁等矿物质。葱比其他蔬菜化

图 1-1　地里的小葱（摄影赵晶）

学成分复杂得多，它含有一种复杂的化合物叫葱素，是一种植物杀菌素，是其他蔬菜所没有的，这是葱的最大特性之一。葱还是良药，葱的叶、白、根须、汁、花都可入药，明代李时珍认为葱"性味辛平、甘温，能治寒热外感和肝中邪气"。近来发现，葱素还有软化血管和降低血脂的功能。葱能刺激汗腺，发汗解表；能促进消化液分泌而有健胃功效；吃生葱可防治呼吸道感染和夏季肠道传染病。葱、姜、蒜和辣椒合称"四辣"，它们既是蔬菜，又是很好的调味品。荤菜素菜都少不了它们，有它们可去腥除膻，增加香味；没有它们，就做不出美味佳肴。

图 1-2　小葱花（摄影赵晶）

图 1-3　平台上的小葱（摄影爱种花更爱种菜）

葱的鳞茎呈圆柱状，外皮白色或淡红色，不破裂；叶圆筒状中空，花茎圆柱状中空、中部以下膨大，向顶端渐狭，下部被叶鞘，总苞膜质，2 裂；聚伞状伞形花序，多花，花柄基部无小苞片，花白色近卵形，先端渐尖，雄蕊 6，子房倒卵形，花柱细长，伸出花被，蒴果倒卵形，花果期 4 ～ 7 月。

葱类蔬菜包括普通大葱、楼葱、分葱和胡葱四种类型，分葱、楼葱都是普通大葱的变种。楼葱以食用葱白为主，在北方栽培普遍，而分葱则多食用嫩叶，南方栽培较多。分葱又称四季葱，植株矮小，假茎细而短，叶色浓绿，葱部白色，分蘖力甚强，1 穴并植 3 株，一年能增殖 30 余株，开花期也能分蘖。但不易结实，以分株法繁殖。葱叶辣味淡，品质好。

下面重点介绍分葱中的两个优良品种：白根小葱和细香葱。

白根小葱是分葱的改良品种，株高40厘米，葱径0.5厘米左右，须根白色，假茎部有白色小鳞片。叶片筒状，中空，四季青绿，分蘖力强。假茎和叶片可四季采收，有浓郁的芳香味。可直播和移栽，生长快速。品质细嫩，特别清香。耐热、耐寒、抗病。南方各地常年均可播种移栽。

细香葱是上海地方品种，品质最佳，虽可分株繁殖，但一般用种子繁殖。叶和假茎都较细，管状叶粗度一般不超过0.5厘米，假茎粗度一般不超过0.6厘米。耐寒耐肥。播种期分为春播和秋播，春播由春分开始，分批播种至夏至；秋播从处暑开始，分批播种到寒露。叶浅绿色，细针状，香味特浓。

繁殖养护

播种　长江流域分葱一般是3～4月播种，6～7月收获；也可在9～10月播种，第二年4～5月收获。宜选地势平坦、排水良好、土壤肥沃的田块种植，无论沙壤土、黏壤土均可，对土壤酸碱度要求不严，微酸到微碱性均可。但不宜多年连作，也不宜与其他葱蒜类蔬菜接茬。

繁殖　分葱一般采用分株繁殖。分株栽植宜在平均气温20℃左右时进行，具体依当地气温而定。栽前将留种田中的母株丛掘起，剪齐根须，用手将株丛掰开。栽植行株距一般为20厘米/12厘米，每穴栽分蘖苗2～3株，栽深4～5厘米，栽后浇足水。

管理　栽植成活后浅锄，清除杂草；追肥为10%腐熟稀粪水或0.5%尿素稀肥水。由于葱类根系分布较浅，吸收力较弱，不耐浓肥，不耐旱涝，与杂草竞争力较差，必须小水勤浇，保持土壤湿润，并注意多雨天气要及时排除积水。栽植成活后开始分蘖，分蘖株上可再抽生二次分蘖。一般在栽后2～3个月株丛已较繁茂，即可采收。

病虫害防治

病害主要有霜霉病和紫斑病。霜霉病防治方法主要是预防。要选用抗病品种；实行 2 ~ 3 年的轮作；施足磷、钾肥，提高抗病力；合理灌水，雨后及时排水；及时清理病株残体。发病可用 75%百菌清 500 倍液喷雾防治。每 7 ~ 10 天喷 1 次，连喷 3 ~ 4 次。紫斑病为真菌病害，发病可用 70%代森锰锌 500 倍液，每 10 天 1 次，连喷 3 ~ 4 次。

虫害主要有蓟马和葱蝇。蓟马用苦楝水喷施防治。葱蝇发生时喷撒 40%乐果乳油 600 倍液灭杀。

小资料

苦楝水的制作

苦楝树又名紫花树，苦楝叶、果内含有苦味质、苦楝素，可以防治蚜虫、蓟马、叶蝉等害虫。苦楝水的配制，先将苦楝叶捣碎后挤出汁液，去掉叶渣，再加入 10 ~ 15 倍水后即可喷施。苦楝果实应先捣烂，再放入非食用锅内煮开，滤去果皮、果核等渣滓，再加入适量的水后即可喷施。

花友秘籍

花盆种葱要点

没有菜地的朋友可以到菜场买回带根须的新鲜小葱，先掐掉绿色葱叶，留白茎；找一花盆，下面埋一点干鸡粪（或复合肥）；将葱三五根一兜均匀地栽在盆中；第一次浇透水，放在阴处，过几天再放到阳台上接受阳光照射，一般一周后就会长出新的葱叶；天气炎热时，每天浇水；每 3 ~ 5 天浇点肥，有黄豆饼肥最好，或者自制液肥。具体方法就是将洗鱼洗肉的水、菜叶果皮、坏奶、坏豆浆等物品放在一密闭的容器内发酵，方便时加点小便更好。浇肥时一定要稀释，注意不要直接浇到葱上。

小葱食用时可以像割韭菜一样的吃。也可以把一兜小葱中的一部分连根拔来吃，另一部分让它继续生长。不论采用那种吃法，一年后要重新换盆、换土另种。

图 1-4　切头后的小葱（摄影赵晶）

图 1-5　1 周后长出新芽的小葱（摄影赵晶）

图 1-6　两周后的小葱（摄影赵晶）

图 1-7　花盆中的小葱（摄影赵晶）

大　蒜

中文名：蒜
别　名：胡蒜、葫、独蒜、独头蒜
科　属：百合科葱属

形态习性

大蒜为二年生草本，原产于亚洲西部高原，在我国栽培已有 900 余年，全国各地都有栽培。食用部分为蒜头、蒜苗和蒜薹，此产品营养丰富，柔软香辛，蒜苗叶色翠绿，口感香辣，是川菜盐煎肉、回锅肉必不可少的配菜；蒜头有瓣蒜和独蒜两种，既是美味的调味佳品，又因含有天然抗菌素，有防病治病之功效；尤其是蒜薹，脆嫩可口，是备受人们喜爱的优质蔬菜。

大蒜高 60 ~ 80 厘米，有强烈蒜臭气。鳞茎扁圆球形，粗大，分为 6 ~ 10 个肉质瓣状小鳞茎，少数不分瓣，全部包于数层银白色或紫红色的鳞皮内，每一瓣也有薄膜包裹，底座生有众多细长的白色须根。叶数枚基生，阔条形或条状披针形，宽达 2.5 厘米，顶端长尖，下部成长鞘，淡绿色肉质，表面带白粉。花茎直立，长圆柱形，长于叶，高 55 ~ 100 厘米，伞形花序顶生，花小而稠密，白色。子房长圆状卵形，花通常不育，

图 1-8　地里成片的大蒜（摄影赵晶）

图 1-9　水培大蒜（摄影赵晶）

图 1-10　阳台花坛里的大蒜（摄影赵晶）

图 1-11　花盆里的大蒜（摄影赵晶）

图 1-12　抽薹的大蒜（摄影赵晶）

图 1-13　抽薹的大蒜（摄影赵晶）

蒴果，种子黑色，花期 5 ~ 6 月。大蒜分硬叶蒜和软叶蒜两类，硬叶蒜除可以食用蒜苗和蒜头外，还可抽取蒜薹。

繁殖养护

整地　大蒜根为弧线状须根，根系浅、吸收力弱，仅分布在 25 厘米以内的土层中，应以排灌方便、疏松肥沃的沙壤土为宜。整地要细碎平整，以利扎根出苗。

播种 一般在9月上中旬播种为宜，过早播种易烂种，发芽不整齐，缺苗严重；过迟则营养生长期不足，苗细产量低。种植密度：以收蒜头和蒜薹为主的行株距多采用20厘米/10厘米，以收蒜苗为主的可采用密植，间距5厘米/5厘米即可。

施肥 大蒜喜湿、耐肥。通过低温长日照后，茎盘顶端抽生花茎即蒜薹。叶片同化作用制造养分，叶鞘是营养物质的临时贮藏器官。叶鞘基部鳞芽分化，膨大形成鳞茎即为蒜头。以基肥为主，追肥为辅。

病虫害防治

大蒜病虫害不多。主要病害有叶枯病、软腐病。药剂防治：种前用0.5%硫酸铜溶液进行土壤消毒，发病期可用80%百菌清800倍液喷施。主要虫害是葱蓟和马蒜蛆。葱蓟用苦楝水喷施防治。马蒜蛆发生期用40%乐果乳油600倍液喷施。

花友秘籍

早吃蒜苗小窍门

蒜苗常规种植时间一般在9月上中旬，“十·一”期间基本不能采收食用。但是通过冰箱冷藏催芽后可提前1个月种植。具体方法是大蒜头在4、5月份收获后（或者从市场购买），及时晾干，剥成一瓣瓣，放进食品袋中，存放在冰箱冷藏室。到7月底，拿出来喷一次水后继续存放。8月初立秋后，大蒜瓣多半已经生根，这时就可以种在土里。如果温度过高，可适当用遮阳网覆盖。“十·一”前后就可以收获大量新鲜早熟的蒜苗。

韭　菜

中文名：韭菜
别　名：草钟乳、起阳草、懒人菜
科　属：百合科葱属

形态习性

韭菜是葱属中以嫩叶和柔嫩花茎为主要产品的多年生宿根草本植物。具辛香味，可增进食欲，并有一定的药用价值。可以炒食或做馅。中国各地均有栽培。韭菜从播种到采收大概需要近 2 个月时间。韭菜的品种主要有细叶和宽叶之分。

细叶韭菜株高约 35 厘米；叶片长约 27 厘米，叶色淡绿较薄，上部弯垂，生长较快；分蘖力强，抽薹早，6 ～ 10 月采收花茎；耐热、耐寒，耐风雨力强；品质柔软，纤维较多，香味浓，但产量较低。

宽叶韭菜又称苤菜或大叶韭，原产地在中国西南部。云、贵、

图 1-14　盛开的韭菜花（摄影青草记）

图 1-15　韭菜茎（摄影青草记）

图 1-16　平台的韭菜（摄影爱种花更爱种菜）

川、藏等地广有栽培。根系着生于盘状的短缩茎上，肉质根上附有须根；茎形成盘状，上面着生叶鞘基部，根状茎生长点的蘖芽，长出后称为分蘖；花茎顶端有总苞，总苞内有花，花茎长可达40厘米以上；叶鞘基部着生于根状茎的顶端，叶片宽可达2厘米以上，叶色浅绿，中肋明显；花白色，花被短小，花梗细小极易脱落，果实种子极少完全发育，后期黄化脱落。

图 1-17　花盆里的韭菜（摄影青草记）

繁殖养护

韭菜对温度适应范围广，长江以南四季均可露地栽培；长江以北韭菜冬季休眠，但采用日光温室、塑料拱棚等保护设施同样可以生长。种植韭菜可以直播育苗或分兜繁殖。韭菜适合在沙土地里种植，沙培或盆栽效果很好，是一种十分适合家庭阳台种植的蔬菜。韭菜沙

图 1-18 天台上的韭菜（摄影青草记）

培或盆栽是在沙床中或花盆中利用沙土或其他基质为栽培基质，浇施营养液，是一种无土栽培韭菜的新方法。具有管理简便、投资少、见效快、收益高的特点，特别适宜在院落或闲散地进行栽培。韭菜可以栽培制作成盆景韭菜，既可食用，又具很高的观赏价值。具体方法介绍如下：

做畦或选盆　院内栽培为便于管理和美观，可将沙培床做成长宽相等的方池、菱形池或多角形池，长宽因场地而定，床高 18 ~ 20 厘米；室内栽培可选购较大一点的花盆，以直径 20 ~ 30 厘米盆为最佳。

栽培基质　以直径 1 ~ 2 毫米的河沙为基质，使用前应除去其中的石块、草根等杂物，用时应冲洗干净，防止带入病菌，引发病害。畦底部可铺一层地膜，膜上铺 10 ~ 15 厘米厚的沙。

栽植　最好选择两年以上的韭菜根，整丛挖起，注意不要伤根，剔除干枯老叶，剪齐须根和韭叶，留下宿根茎，20 ~ 30 株为一撮，栽到沙培床内，行株距 20 厘米 /20 厘米左右，室内盆栽可密些。并以洁净细沙填满空隙（勿埋过假茎），栽后用清水浇透沙床，以利促发新根。

营养液　可购买营养液，也可自己配制营养液，营养液由氮、磷、钾等主要元素和水配成。韭菜的追肥应以氮肥为主，配合适量磷、钾肥。水分是影响韭菜产量和品质的重要因素，水分不足，纤维含量增加，丧失柔嫩特点。

管理　韭菜根栽植后1周内可不浇水。室内栽培尽量关闭门窗，减少水分挥发。保持空气和沙床的温度在20℃左右。如气温过高，可打开门窗并酌情浇一次水。韭菜新根发出后开始浇水和营养液，一般浇水与浇营养液的次数比例为2∶1。浇水或营养液要看天气和苗情，当植株生长势强，叶片宽厚，叶色墨绿时，证明养分充足，应少浇营养液，多浇清水；当植株生长势弱，叶片瘦小，叶色黄绿时，证明养分不足，应多浇营养液，少浇清水。每次收获后，待新叶长出2～3厘米再浇水施肥。每年应在越冬前覆沙土或基质1～2厘米。

收获　在温度、肥水适宜的情况下，每隔20～30天即可收割一次。

病虫害防治

韭菜常见病为韭菜锈病，可用50%托布津1 500倍液进行防治，连续喷药两次，每周一次。为害韭菜的常见病虫有韭菜迟眼蕈蚊。韭菜迟眼蕈蚊别名韭蛆，为小型蝇类。幼虫聚集在韭菜的地下部和柔嫩的茎部，使内茎腐烂，叶片枯黄而死。防治方法是发现叶尖开始发黄变软并逐渐向地面侧伏时，用15%蓖麻油酸烟碱乳油防治。

芹 菜

中文名：芹菜
别　名：芹、旱芹、药芹菜
科　属：伞形科芹属

形态习性

芹菜是一、二年生草本植物。富含芹菜油，具芳香气味，有降低血压、健脑和清肠利便的作用。可炒食、生食或腌渍，是一种新型保健蔬菜，因其口感好、营养价值高，深受人们的欢迎。世界各地普遍栽培。芹菜主要分为中国香芹和西芹两种。

香芹色泽翠绿，有清香味。其食用部分为嫩叶和嫩茎，香芹株高 50 ~ 60 厘米，直根系，主根入土 45 厘米，叶为根出，三回羽状复叶，小叶有深缺刻，叶缘呈锯齿状皱缩，叶柄长 10 厘米，粗 0.5 厘米，花序为伞形，花小色白，为两性花，种子小，深褐色。

香芹性喜温暖而凉爽的环境，生长发育温度为 5 ~ 35℃，最适温度为 15 ~ 20℃，超过 28℃生长缓慢，长期低于 −2℃有冻害。生长阶段喜湿润，但不耐渍。较耐阴，但光照充足时生长旺

图 1-19　地里的芹菜（摄影青草记）

图 1-20　花盆里的芹菜（摄影青草记）

图 1-21　芹菜花（摄影青草记）

盛。对土壤适应性较广，在 pH 为 6 ～ 8 的范围内均能良好生长，对氮、磷、钾需量较多，对硼较敏感，缺硼易造成叶柄基部开裂。香芹可在露地春、秋两季栽培。采用保护设施，可实现全年栽培。

西芹又叫“美国芹菜”，叶柄肥厚宽大，实心、质地脆嫩，在宾馆蔬菜中其地位仅次于生菜，是一种重要的叶菜。西芹性喜冷凉气候，生长适温 16 ～ 21℃。5 ～ 10℃达 1 ～ 2 周，能引起花芽分化，出现未熟抽薹。高温生长不良，25℃以上发芽率急剧降低，30℃以上发芽困难。

繁殖养护

发芽期　芹菜适于富含有机质、保水保肥力强的黏壤土。苗床要保持床土疏松，施粪肥和草木灰翻晒后，翻耙均匀备用。多采用育苗，清水浸种 12 ～ 14 小时后，置冰箱冷藏室催芽 3 ～ 4 天。待 80%种子出芽后撒播，播种后覆盖薄土，经 5 ～ 7 天出土。

幼苗期　子叶展开到有 4 ～ 5 片真叶时为适宜定植期。幼苗期有耐 30℃高温和 −4℃低温的能力。苗期要求勤浇水，每次水量要少，保持土壤湿润。定植的田块，要保证土壤肥沃疏松。

叶丛生长初期　定植后要浇定植水，约 3 天成活，7 天后萌发新叶，要保持土壤湿润，避免出现干旱。生长旺盛期，除了浇水外，还要施适量的追肥，促进生长。可叶面喷施 0.3%的磷酸二氢钾。

叶丛生长盛期　由于叶柄迅速肥大增长，后期需肥较多，初期需磷最多，后期需钾量较多，营养生长后期须保证不间断供水和肥。

休眠期　种株在低温下越冬，被迫休眠。

病虫害防治

病害有斑点病，可用代森锌400倍液防治。在高温和缺氧情况下易出现生理病害，如缺钾、缺硼症等，喷施0.2%磷酸二氢钾和0.1%硼砂可缓解症状。虫害有蚜虫和胡萝卜蝇，蚜虫可用辣椒水防治；胡萝卜蝇可用20%菊马乳油3 000倍液灌根防治。

小资料

如何自制辣椒水

取新鲜红辣椒500克捣烂，加水5千克，加热煮1小时后，取其滤液喷洒，可防治菜青虫、蚜虫、红蜘蛛、菜螟等害虫，浓度越高越好。

花友秘籍

芹菜巧施肥

①芹菜不宜施尿素。芹菜在生长过程中，需追施大量氮肥，但必须注意，切不可追施尿素。因为追施尿素易使芹菜植株老化，纤维增多，还会使芹菜产生苦味。芹菜追施氮肥应以碳酸氢铵或氨水为好，追施后可使植株细嫩，纤维减少，品质提高，且有防治地下害虫的功效。

②芹菜对硼元素比较敏感。土壤中缺硼或由于土壤温度过高、过低，都易使硼、钙元素吸收受到抑制，使芹菜产生叶柄横裂和干心病等生理性病害，降低产量和质量。因此，在芹菜生长过程中应注意增施含硼、钙元素的肥料。

③西芹对钙要求较高。缺钙易发生烧心现象，一般在植株长至11～12片叶时发生，防治从管理入手，做到温度、湿度适宜，对酸性土壤要施入石灰，将其调成中性，发病初期可喷洒0.5%的硝酸钙溶液。

香 菜

中文名：香菜
别 名：香荽、芫荽、胡荽、满天星
科 属：伞形科芹属

形态习性

香菜原产于地中海沿岸及中亚地区，汉代张骞于公元前119年引入后，分布我国各地，四季均有栽培。香菜的形态有点像芹菜，具有一种特殊的香味，一般于春、秋两季栽培，一年生或二年生草本，株高30～100厘米。全株无毛，根细长，有很多纤细的支根；茎直立，多分枝，有条纹；叶片广卵形或扇形半裂；伞形花序顶生或与叶对生，每一小伞形花序有花3～10朵，花白色或带淡紫色，花瓣倒卵形；果实双悬果球形，果面有棱，内有种子两枚，直径约1.5毫米。花果期4～11月。其品质以色泽青绿，香气浓郁，质地脆嫩，无黄叶、烂叶者为佳。香菜属耐寒性蔬菜，能耐低温，在长日照和较冷凉湿润的环境条件下生长良好，在高温干旱条件下生长不良。

香菜是重要的香辛菜，爽口开胃，是餐桌上常见的芳香开胃之品，常用来调味。将其洗净后切碎，撒在菜上或汤中，既美观又可增进菜、汤的香味，使之更为香味诱人。香菜亦可清炒、凉拌及做饺子、包子的馅料。因其嫩茎和鲜叶具有特殊香

图1-22 香菜（摄影青草记）

图 1-23　香菜花（摄影青草记）

图 1-24　阳台上的香菜花（摄影青草记）

图 1-25　香菜花（摄影青草记）

味，常用作菜肴的提味，如做鱼时放些香菜，鱼腥味便会淡化许多。

繁殖养护

整地　香菜适宜在保水保肥力强，有机质丰富的土壤中生长。将土地深耕晒土后做畦。畦面撒施腐熟猪牛粪或者复合肥作基肥。将肥锄翻入土后，再整平畦面。土壤要细碎疏松。

播种　香菜栽培一般采用露地播种，通常用撒播，也可挖沟条播。如果温度较高，需盖层细土或者盖草遮阴。

管理　香菜为浅根系蔬菜，吸收能力弱，所以对土壤水分和养分要求较为严格。

浇水：播种后每天浇水 1 次，促使迅速发芽。出土后及时揭掉覆盖物，并经常浇水，但不宜大水漫灌，以免植株沾泥，影响生长，降低品质。生产旺盛期，需水量大，宜小水勤浇。

施肥：香菜生长前期，生长量小，需肥不多，且有基肥供给生长，一般结合浇水，每周施速效氮肥 1 次即可，浓度宜低，以免焦叶，旺盛生长期，需肥量迅速增加，除施速效氮肥外，还应增施磷钾肥，浓度宜适当提高。施肥后及时泼水洗叶。

间苗：间苗是香菜栽培的重要措施。撒播或条播出苗后常发生幼苗拥挤现象，宜在苗高 15 厘米左右时进行有目的的间苗，使植株分布均匀，增大营养生长面积，提高品质。间苗时，可按行株距 5 厘米 /3 厘米间隔留 1 株苗，点播的则每穴留 2 ~ 3 株苗。

采收 当株高约 20 厘米具有 8 ~ 20 片叶时，可按需要分批采收，以利于植株生长。也有一次性采收的，这要依播种季节、栽培目的和田间管理水平而定。

病虫害防治

香菜因本身具有特殊气味，病虫害相对较少。常见病害是早疫病，也称斑点病，防治时，可用甲基托布津 400 ~ 600 倍液喷施，就能够达到很好的防治效果。主要虫害由蚜虫引起，可用辣椒水防治。

小知识

巧种香菜

为了提高香菜的出芽率，可以采用下面的方法催种。由于香菜外壳较硬，在种植前将种子平放在水泥地面上，用砖头将硬壳捻开；然后在温水中（和体温相同）浸 1 天，捞出后放进冰箱冷藏催芽，待种子发出白芽再下种。

荆　芥

中文名：荆芥
别　名：假苏，姜芥
科　属：唇形科荆芥属

形态习性

荆芥为传统中药，以全草或芥穗入药。其味辛、微温，具有解表散风、透疹的功能。用于感冒、头痛、麻疹、风疹、疮疡初起、崩漏、便血等病的治疗。荆芥也是一种美味调味蔬菜，叶和嫩茎可凉拌或者做汤，有独特香味。

荆芥茎呈方柱形，上部有分枝，长 50 ~ 80 厘米，直径 0.2 ~ 0.4 厘米；表面淡黄绿色或淡紫红色，被短柔毛；体轻质脆，断面类白色。叶对生，多已脱落，叶片 3 ~ 5，羽状分裂，裂片细长。穗状轮伞花序顶生，长 2 ~ 9 厘米，直径约 7 毫米。夏、秋二季花开到顶，花冠多脱落，淡棕色或黄绿色，被短柔毛；小坚果棕黑色。荆芥花叶均有独特的芳香。

图 1-26　荆芥（摄影逸园）

图 1-27　荆芥花（摄影逸园）

罗勒是一种容易同荆芥混淆的植物，学名 *Ocimum basilicum L. var. pilosum (Will) Benth*。全草入药，可治疗胃痛、胃痉挛、胃肠胀气等疾病。是罗勒属中以嫩茎叶为食的栽培种，一年生草本植物。调制凉菜或做汤。

罗勒全株被稀疏柔毛。茎高 20 ~ 80 厘米，横切面直径 0.3 ~

0.4 厘米，圆形；花茎为四棱形，多分枝；叶对生，柄长约 1.5 厘米，卵圆形，叶缘呈不规则锯齿状，长 3 ～ 5 厘米，宽约 3 厘米；花分层轮生，每层有苞叶 2 枝，花 6 朵，形成轮伞花序，每一花茎，一般有轮伞花序 6 ～ 10 层，花冠唇形，白色或淡紫色；坚果黑褐色，椭圆形，长约 1 毫米。

荆芥和罗勒二者主要区别在于叶子和花，荆芥的叶片为深绿色，略尖，花为淡棕色或黄绿色；罗勒的叶片为浅绿色，略圆，花为白色或淡紫色。

繁殖养护

播种　在中国的华北地区，多于 4 月上旬播种。一般采用平畦撒播，3 ～ 5 天出土。

管理　当真叶出现后，间苗及除杂草，旱时浇水，生长中后期结合浇水追施硫酸铵 1 ～ 2 次。苗高 6 ～ 7 厘米时，开始间拔幼苗食用，至茎高 20 厘米后，连续采摘嫩茎、叶供食用。

留种　留种株不能采摘嫩茎叶，一般 7 月开花，至 8 月上旬果实成熟，及时采收留种。

病虫害防治

病害主要有立枯病、茎枯病和黑斑病。防治方法：实行轮作；发现茎枯病病株应及时拔除，集中烧毁；发病初期选用 50%多菌灵或 50%甲基托布津等喷雾防治。

虫害主要有蝼蛄、地老虎等。防治方法：蝼蛄可采用毒饵诱杀；地老虎用苦瓜水防治。

小资料

如何自制苦瓜水

摘取新鲜多汁的苦瓜叶片，加少量的清水捣烂取原液，每千克原液中加入 1 千克石灰水，调和均匀，用于植株幼苗根部的灌洒，防治地老虎有特效。

紫　苏

中文名：紫苏
别　名：赤苏、红苏、黑苏、红紫苏、皱紫苏
科　属：唇形科紫苏属

形态习性

紫苏为一年生草本植物。嫩叶凉拌或做汤，具有特异的芳香，原产中国，我国华北、华中、华南、西南及台湾省均有野生种和栽培种。

紫苏高 60 ~ 180 厘米，茎四棱形，紫色、绿紫色或绿色，有长柔毛，以茎节部较密。单叶对生，叶片宽卵形或圆卵形，基部圆形，先端渐尖，边缘具粗锯齿，两面紫色，或面青背紫，或两

图 1-28　地里的紫苏（摄影逸园）

面绿色，上面被疏柔毛。轮伞花序 2 花，组成顶生和腋生的假总状花序，花萼钟状，花冠紫红色、粉红色或白色，花柱着生于子房基部。种子小坚果近球形，棕褐色或灰白色。

紫苏适应性很强，对土壤要求不严，排水良好，沙质壤土、壤土、黏壤土栽培，均生长良好，在较阴的地方也能生长。紫苏性喜温暖湿润的气候。种子在地温 5℃以上即可萌发，苗期可耐 0℃的低温。植株在较低的温度下生长缓慢，夏季生长旺盛。较耐湿，不耐干旱，如空气过于干燥，则茎叶粗硬、纤维多、品质差。

图 1-29　紫苏花（摄影逸园）

图 1-30　紫苏花（摄影逸园）

繁殖养护

催芽　长江流域及华北地区可于 3 月末至 4 月初露地播种，也可育苗移栽，6 ~ 9 月可陆续采收，保护地 9 月至翌年 2 月均可播种或育苗栽种，11 月至次年 6 月收获。

紫苏种子属深休眠类型，采种后 4 ~ 5 个月才能逐步完全发芽，如果要进行反季节生长，需将刚采收的种子进行低温及赤霉素处理来打破休眠，并置于低温 3℃及光照条件下 5 ~ 10 天，后置于 15 ~ 20℃光照条件下催芽 12 天，种子发芽率可达 80%以上。

育苗 播前苗床要浇足底水，种子均匀撒播于床面，盖一层见不到种子颗粒的薄土，再均匀撒些稻草覆盖，以保温保湿，经 7 ～ 10 天即发芽出苗。注意及时揭除覆盖物，及时间苗，一般间苗 3 次，以达到不拥挤为标准，苗距约 3 厘米见方。

定植 土壤在定植前 10 ～ 15 天进行深耕晒垡，以人畜粪尿、垃圾肥作为基肥。要求垡面平整。定植一般在 4 月中旬，秧苗有 2 ～ 3 对子叶时进行。行株距均为 5 厘米。除露地栽培，紫苏也可盆栽，极具观赏性。

管理 生产期间看长势及时追施尿素 7 ～ 8 次。在整个生长期，要求土壤保持湿润，利于植株快速生长。定植后 20 ～ 25 天要摘除初茬叶，第四节以下的老叶要完全摘除。紫苏分枝力强。所生分枝应及时摘除。如果不摘除分杈枝，既消耗了养分，拖延了正品叶的生长，又减少了叶片总量而减产。打杈可与摘叶采收同时进行。

病虫害防治

紫苏病虫害较少。如出现锈病，可用 50%托布津 1 500 倍进行防治，连续喷药两次，每周一次。害虫主要是蚱蜢和小青虫，使叶片穿孔失去观赏价值。可用辣椒水防治。

叶菜类

YECAILEI

以叶片及叶柄为产品的蔬菜统称为叶类菜

大白菜

中文名：大白菜
别　名：胶菜，绍菜
科　属：十字花科芸薹属

形态习性

白菜为中国原产地的著名蔬菜之一，十字花科芸薹属，一、二年生草本植物。白菜是人们生活中不可缺少的一种重要蔬菜，味道鲜美，营养丰富，素有“菜中之王”的美称，为广大群众所喜爱。白菜由芸薹演变而来，以柔嫩的叶球、莲座叶或花茎供食用。栽培面积和消费量在中国居各类蔬菜之首。白菜品种繁多，主要分为结球及不结球两大类群。下面重点介绍结球类中的优良品种大白菜。

大白菜为二年生植物。叶生于短缩茎上，叶片薄而大多数有毛，分为外叶和内叶，椭圆或长圆形，浓绿或淡绿色、心叶白、

图 2-1　大白菜小苗（摄影爱种花更爱种菜）

绿白或淡黄色。叶柄宽扁，两侧有明显的叶翼。叶球扁圆形到长筒形。总状花序，花黄色。长角果，种子近圆形，红褐色或黄褐色。

图 2-2 大白菜团棵（摄影青草记）

大白菜性喜冷凉湿润气候，属耐寒蔬菜，可耐－5℃低温，耐热性较差，除耐热夏大白菜品种以外，一般气温持续在 25℃以上时，则生长缓慢，包心松散，易感染病毒病和霜霉病。

大白菜从种子萌动到幼苗出土要求较高温度。20 ~ 25℃下 3 ~ 4 天出土，先后长出小叶和基生叶，至两者大小略等时，交叉排列成十字形，俗称拉十字，为发芽期结束。大白菜从出苗到长成第一圈叶需 12 ~ 15 天，它们的位置相错，排列成圆盘状的叶丛，称团棵。幼苗生长适温为 22 ~ 25℃。苗期植株小，根系弱，气温高，蒸发量大，应及时供肥水，以培育壮苗。

图 2-3 莲座期大白菜（摄影青草记）

自团棵后，叶片继续增多，先后再发生第二、三个叶环，叶片相互重叠成莲花座，称莲座期，此时叶面积大量增加，长成强大叶丛，心叶开始分化幼小球叶，生长适温为 18 ～ 22℃，莲座期经 25 ～ 30 天进入结球期。此时要求补充大量肥水，为结球打下物质基础。

莲座期结束后，新叶生长开始形成叶球轮廓，叶球内叶片生长迅速，形成坚实的叶球，结球要求冷凉的气候，适宜的月均温为 12 ～ 18℃和较低的夜温。昼夜温差大，结球紧，优质产量高，如温度过高，叶球疏散，纤维多，品质差，过低则生长缓慢产量低。

大白菜在营养生长时期结成的叶球，越冬期间通过低温春化阶段，球内部生长点花芽开始分化，翌年春天温度升高，便抽薹开花结实。开花结果适温为 17 ～ 22℃。

图 2-4　雪中大白菜（摄影青草记）

图 2-5　大白菜花（摄影青草记）

繁殖养护

大白菜生长中需氮量最大，钾次之，磷最少，对三大元素的吸收比例约为 4 ∶ 3 ∶ 1，对营养吸收的基本规律是：莲座期以前以氮为主，钾次之，至结球期则以钾为主，氮为辅。选择前茬没有种过十字花科蔬菜的地块，施足基肥可提高植物的抗病力。

播种　播种时间一般为立秋后 3 ～ 5 天。撒播点播均可。种子从播种到发芽出土历时 3 天，最好选择在下午播种。

间苗　种子发芽到定植，一般需 18 天左右，期间应进行多次间苗。苗出土3天进行第一次间苗，使苗有间隔，4～5片叶时第二次间苗，根据苗的强弱程度，留强去弱。当叶片长到8～9片叶时，每穴留1株。移栽的幼苗按行株距大约50厘米/30厘米进行定植。

中耕除草 结合间苗分别在定植和莲座中期进行，按照"头锄浅、二锄深、三锄不伤根"的原则进行，结合中耕锄草培土。

浇水追肥 如底肥用量少，可在苗期追一次肥。在莲座期、结球始期和中期，各追一次肥，结合喷施叶面肥磷酸二氢钾和尿素的混合液，每10天一次。浇水要结合追肥进行，结球前期土壤间干间湿，结球期要保持土壤湿润。直至收获前10～15天停止浇水，以利贮藏。

病虫害防治

霜霉病可用75%百菌清500倍液喷雾防治，软腐病可喷农用链霉素或浇灌病株及周围植株根部防治。

虫害中的土蝗、蟋蟀及地下害虫用2.5%甲基异硫磷粉剂均匀撒在地面深翻。菜青虫、小菜蛾可用辣椒水喷雾防治。

小知识

如何做泡菜

每50千克沸水加4千克食盐搅匀。冷却后倒入坛中，以装至3/5容积为佳。放入适量辣椒、花椒、生姜、大蒜头、白酒等配料即成卤汁。将萝卜、大白菜、卷心菜、豆角等新鲜蔬菜，除去根和黄叶，洗净晾干，切成条或块，放入卤水中加盖，并在凹形托盘中倒入凉水，腌渍7～10天即可。添加新菜时，需适当补充食盐、白酒和花椒。蔬菜在腌渍及取用过程中，切忌沾油渍和生水。

小白菜

中文名：小白菜
别　名：白菜、青菜、油白菜、鸡毛菜、白菜秧
科　属：十字花科芸薹属

形态习性

不结球白菜俗称小白菜，是芸薹属芸薹种白菜亚种的一个变种，以绿叶为产品的一、二年生草本植物。原产我国，在海南省可全年栽培；长江以南为主要产区，种植面积占秋、冬、春菜播种面积的40%～60%；中国北方栽培面积也在迅速扩大。

小白菜含有丰盛的钙、磷、铁，质地柔嫩，味道清香，为大众化蔬菜。小白菜以无黄叶、无烂叶，形状整洁者最好。小白菜是蔬菜中含矿物质和维生素最丰盛的菜。小白菜所含的钙、维生素C、胡萝卜素均比大白菜高，所含的糖类和碳水化合物略低于大白菜。可炒食、做汤、腌渍。

图2-6　小白菜苗（摄影青草记）

小白菜叶坚挺而亮，椭圆或长圆形，长约30厘米，色泽青绿；叶基部渐狭成叶柄，叶柄窄。性喜冷凉气候，属半耐寒性蔬菜，平均气温在18～20℃和阳光充足的条件下生长最好。也可以耐高温，几乎一年到头都可种植。但如果从适口性、安全性和营养性看，1～3月则是小白菜消费的最佳季节。冬季温度较低，小白菜的碳水化合物转为糖，油脂含量增加，可溶性蛋白质、不饱和脂肪酸、磷脂含量增加，对消费者来讲，更富营养性，食用起来软糯可口，清香鲜美，带有甜味。

图2-7 小白菜（摄影青草记）

繁殖养护

播种 小白菜一年四季均可种植，但以秋、冬小白菜的口味

图2-8 小白菜花（摄影青草记）

最佳，所以9～10月播种最为适宜。一般采用育苗移栽。应选择保水保肥、排水良好的壤土作育苗畦。育苗畦要深耕晒白，清洁田园，施腐熟的猪牛粪和过磷酸钙作基肥。采用撒播法播种，要注意匀播和适当稀播。

间苗 为防止徒长，一般间苗2～3次，间苗后应及时追肥和浇水，促进幼苗健壮生长。正常情况下，播种后25～30天即可移栽大田。

定植 小白菜以绿叶为产品，生长期短，要获得丰产，移栽地首先应施足基肥，以猪、牛粪为主，氮、磷、钾复合肥适量，施肥后应与土壤充分混匀。秋冬小白菜栽植密度，行株距为25厘米/20厘米。

管理 小白菜根群分布较浅，吸收能力较低，生长期间应不断地供给充足的肥水，多次追施速效氮肥，才能获得优质高产。幼苗定植后要立即浇透定根水，定植后3～5天内不可缺水，每天浇水一次，促使幼苗迅速长根，恢复生长。后期浇水要根据天气而定，一般结合施肥进行。在幼苗定植后转青长出新根时，用15%的人粪尿肥追肥一次。以后每5～7天追施一次人粪尿肥，浓度逐步提高到40%。采收前8～10天停止施肥。此外，在白菜叶片生长的旺盛期，可在晴天用0.7%～0.8%的尿素溶液喷洒叶面，进行根外追肥，对叶片生长有明显的促进作用，可使叶片色泽加深，提高品质。

病虫害防治

霜霉病可用75%百菌清500倍液喷雾防治，软腐病可喷农用链霉素防治。病毒病可用20%病毒A500倍液或1.5%病毒灵1 000倍液进行防治。白斑病可用50%多菌灵800倍液或75%百菌清1 000倍液进行防治。黑斑病可用75%百菌清600倍液进行防治。在小白菜采收前7～10天要停止喷药。

菜青虫、小菜蛾可用辣椒水喷雾防治。

菠 菜

中文名：菠菜
别 名：菠棱、赤根菜、波斯草、鹦鹉菜
科 属：藜科菠菜属

形态习性

菠菜是以叶片及嫩茎供食用的一、二年生草本植物。可凉拌、炒食或做汤。欧美一些国家用以制作罐头。菠菜原产伊朗，中国在唐代已有栽培。

图 2-9 菠菜小苗（摄影青草记）

图 2-10 菠菜（摄影青草记）

菠菜主根发达，肉质根红色，味甜可食。根群主要分布在 25 ~ 30 厘米的土壤表层。叶簇生，抽薹前叶柄着生于短缩茎盘上，呈莲座状，深绿色。单性花雌雄异株，两性比约为 1 ∶ 1，偶有雌雄同株的。雄花呈穗状或圆锥花序，雌花簇生于叶腋，花粉黄色。胞果，每个果实中内含一粒桃子状的种子，种皮棕色，皮上密布皱纹。按果实外苞片的构造可分为有刺种和无刺种两个类型。菠菜属耐寒性蔬菜，生长过程中需水较多，土壤有效含水量为 70% ~ 80%，空气相对湿度为 80% ~ 90%时生长旺盛。对土壤要求不严格，以 pH 7 ~ 8 为宜。对氮肥需求较多，磷肥、钾肥次之。春、秋两季均可播种。而以秋播为主，生长期约 60 天。

繁殖养护

整地 菠菜对土壤要求不严格，沙质壤土上栽培表现早熟，在黏质壤土上栽培易获丰产。将地翻挖，施足底肥，菠菜对氮的吸收率较高。晒后碎土整平。

催芽 将种子放在凉水中浸泡 12 小时，然后放在 7 ~ 8℃的冰箱中处理 24 ~ 26 小时后，放在 20 ~ 25℃的环境中催芽，或使用 0.1%的硝酸钾溶液浸泡 16 ~ 20 小时，待种子露白后播种。

播种 播种时间一般在 8 月上中旬，最好是在傍晚进行播种。一般撒播，也可条播或点播。点播行株距为 12 厘米 /2.5 厘米，条播先开小沟浇足水，再将种子均匀播在沟内。注意种子芽长不能超过种子长度，否则嫩芽遇高温会干枯，播后用草帘或遮阳网遮盖，保持土壤湿润，利于种子出土。

管理 根据菠菜的生长状况，追肥要前少后多，由于前期气温较高，可以追施稀粪水，后期气温有所下降，适当增加追肥量。阴雨天注意清沟，防止因雨水浸泡沤根死棵。浇水后及时松土，既可保湿又可防止菠菜出现严重的死苗和烂叶现象。

病虫害防治

菠菜生长期内主要的病害有霜霉病、炭疽病和病毒病，霜霉病可用 75% 百菌清 500 倍液喷雾防治；炭疽病可以使用 50%的福美双和代森锌来防治；病毒病可用 20%病毒 A 500 倍液或 1.5%病毒灵 1 000 倍液进行防治。主要的虫害是黄跳甲，可以使用辛硫磷来防治，在采摘前 10 ~ 15 天停止使用。

雪里蕻

中文名：雪里蕻

别　名：芥菜、雪菜、雪里红、春不老、霜不老

科　属：十字花科芸薹属

形态习性

雪里蕻为一年生或二年生草本，是中国著名的特产蔬菜，欧美各国极少栽培。雪里蕻的主侧根分布在约 30 厘米的土层内，茎为短缩茎。叶片着生短缩茎上，有椭圆、卵圆、倒卵圆、披针等形状。叶色有绿、深绿、浅绿 、黄绿、绿色间紫色或紫红。叶面平滑或皱缩。叶缘锯齿或波状，全缘或有深浅不同、大小不等的裂片。花冠十字形，黄色，异花传粉，但自交也能结实。种子圆形或椭圆形，色泽红褐或红色。

雪里蕻喜冷凉湿润，忌炎热、干旱，稍耐霜冻。对温度要求

图 2-11　花叶雪里蕻（摄影赵晶）

图 2-12　雪里蕻小苗（摄影赵晶）

图 2-13　雪里蕻（摄影赵晶）

图 2-14　雪里蕻开花（摄影赵晶）

不太严格。孕蕾、抽薹、开花结实需要经过低温春化和长日照条件。要求土壤疏松肥沃，有机质含量高，排灌方便，近 2 ~ 3 年未种过十字花科蔬菜，pH 中性或微酸性。中国南北各地均以秋播为主。雪里蕻含有硫代葡萄糖苷，经水解后产生挥发性的异硫氰酸化合物及其衍生物，具有特殊的风味和辛辣味。可鲜食，是最理想的酸菜制作原料。

图 2-15 雪里蕻开花（摄影赵晶）

繁殖养护

播种 冬春型一般9月下旬播种，具体根据品种特性、食用要求及茬口安排等条件而定。苗床地要深翻细整，整成龟背形，施入充分腐熟的有机肥。并做好种子处理，可采用10%磷酸三钠浸种或代森锌等农药拌种的方法。播前先浇足底水，然后均匀撒播。播后盖细土，并盖上稻草等覆盖物降温保湿，有条件的可用遮阳网覆盖，出苗后及时揭掉。

间苗 播种后要适度供给水分，保持床土湿润。出苗后及时间苗，保持苗距2～3厘米，待长到3～4片真叶时再间苗一次，间苗后要施一次淡肥水，促使根系与土壤紧密结合，促进秧苗茁壮生长。

定植 定植地翻耕作畦的同时，施入腐熟厩肥或复合肥作底肥，定植时间一般在10月下旬，具有5～6片真叶时定植，苗龄30天左右。定植密度一般行株距为30～40厘米/25～30厘米，定植时要带土，要尽量防止伤根，栽种时注意不使根须扭曲、悬空。定植后浇透定根水。

管理 定植后每半月中耕一次，达到除杂草、防板结、保水分、增加通透性的目的，促进生长。定植成活后开始追肥，一般3

次，肥料由淡到浓，追肥结合浇水进行，以氮肥为主，适当增施磷、钾肥，可以提高抗病力，增加产量。12 月中旬用碳铵、磷肥浇施，2 月中旬用尿素、钾肥追施一次。根据土壤肥力及长势酌情增减。采收前半个月停止追肥，以免含水量过多，使组织结实，以利加工。

病虫害防治

主要病虫害是病毒病和蚜虫。病毒病可用 20％病毒 A 500 倍液或 1.5％病毒灵 1 000 倍液进行防治。蚜虫可用辣椒水防治。

小知识

如何做冬菜

大白菜、萝卜、雪里蕻等蔬菜都是做冬菜的最佳蔬菜。下面介绍雪里蕻的做法。

①除去老叶和根；

②洗干净晾晒，使 50 千克鲜菜晾晒成 5 ～ 10 千克半干的“菜坯”；

③切成 1 厘米长的细段，每 50 千克菜坯加入 6 千克食盐；

④揉搓均匀后装缸或坛，压实封口；

⑤置于室内发酵，至翌年春天即为香甜可口的冬菜，加温发酵可缩短发酵过程。

图 2-16　新鲜雪里蕻（摄影青草记）

图 2-17　晾晒的雪里蕻（摄影青草记）

图 2-18　在菜中加盐（摄影青草记）

图 2-19　将菜装坛（摄影青草记）

蕹　菜

中文名：蕹菜
别　名：竹叶菜、通心菜、空心菜、藤菜
科　属：旋花科牵牛属

形态习性

蕹菜为一年生或多年生蔓性草本植物。以嫩茎、叶炒食或做汤，富含各种维生素、矿物质，在蕹菜的嫩梢中，钙含量比番茄高12倍多，并含有较多的胡萝卜素。

蕹菜是夏秋季节极为重要的绿叶蔬菜。根据叶型分为大叶型和小叶型两类。按花色不同，有白花种和紫花种两类。按种植方式分水蕹菜和旱蕹菜。旱蕹品种适宜旱地栽培，味浓，质致密，产量较低。水蕹适宜浅水或深水栽培，茎叶粗大，质脆嫩，产量较高。目前，北方以旱栽为主，南方旱栽、水栽均有。

蕹菜须根系，根浅，再生力强。旱生类型茎节短，茎扁圆或近圆，中空，浓绿至浅绿。水生类型节间长，节上易生不定根，适于扦插繁殖。子叶对生，马蹄形，真叶互生，长卵形、心脏形或披针形，全缘，叶面光滑，浓绿，具叶柄。聚伞花序，1至数花，花冠漏斗状，完全花，白或浅紫色。子房二室。蒴果，含2～4粒种子。种子近圆形，皮厚，黑褐色。

图2-20　紫花蕹菜（摄影青草记）

蕹菜属高温短日照作物，种植常用直播或育苗移栽；水栽均用藤蕹茎蔓

繁殖。蕹菜喜温暖湿润、耐高温，耐光耐肥，产量高而稳定。蕹菜生长势强，最大特点是耐涝抗高温。在 15 ～ 40℃条件下均能生长，耐连作。对土壤要求不严，适应性强，以保水、保肥力强的沙壤土和壤土为宜。适应性广，无论旱地水田，沟边地角都可栽植。夏季炎热高温仍能生长，但不耐寒，遇霜茎叶枯死，高温无霜地区可终年栽培。

图 2-21 白花蕹菜（摄影青草记）

图 2-22 小叶蕹菜（摄影青草记）

图 2-23 大叶蕹菜（摄影青草记）

繁殖养护

播种 蕹菜依其结实与否可分为子蕹和藤蕹两种类型，子蕹用种子繁殖，也可用无性繁殖，而藤蕹只能用无性繁殖（即茎蔓繁殖）。种子发芽适温为 15℃以上。蕹菜种皮厚而硬，吸水慢，早春播种，由于气温较低，出苗缓慢，如遇低温多雨天气，容易烂种，播前须进行浸种催芽。育苗床土要求疏松、肥沃，畦面平整，播种前施有机肥，播种时浇足底水，撒播后用细土盖严种子，用地膜覆盖，以利出苗。出苗后及时揭除地膜，注意通风、保温和浇水，促进生长。约经4周，苗高12厘米时定植。

定植 要求选择向阳、土壤肥沃、近水源的地块定植。栽种前施复合肥和硫酸钾作底肥，然后翻耕作畦，按20厘米见方距离直播或移栽。

管理 蕹菜管理的原则是早栽植、多施肥、勤采摘。定植后前期气温低，成活后及时浇淡水肥。随着苗的生长，每隔7～10天施肥一次，采收开始后，每采收一次须追肥一次，追肥以氮肥为主，浓度先淡后浓。封行前进行松土除草，经常保持土壤湿润。采收要及时，苗高25～30厘米时留2～3节采收，侧枝发生后留1～2节采收。从播种到第一次采收需40～60天，以后每隔10～15天采收一次。后期茎蔓过多时应将部分茎蔓从基部剔除。每次采收后都要及时追肥浇水。

病虫害防治

主要病害为白锈病，防治可用0.3%～0.5%甲霜灵拌种，发病初期喷洒58%锰锌可湿性粉剂500倍液，每隔7～10天喷1次。

虫害以蚜虫、甘薯麦蛾、斜纹夜蛾、甜菜夜蛾为主，可用70%艾美乐7 000～8 000倍液防治。

小资料

地膜直播蕹菜

蕹菜可以利用地膜直播到菜地，而不用移植。这样种植有几大好处，可以保肥保水；减少杂草生长；减少病虫害；避免倒春寒的损害；更重要的是可以提前收获期，提前享受时令蔬菜食用的乐趣。

具体步骤如下：

①先将地翻好晒干，把猪粪均匀地拌到地里，自然放置一段时间。再将菜地土肥翻匀，整细整平；

②四周挖一浅沟，用来埋地膜，然后根据菜地的大小挖几条浅沟，用来播种。图中间的三条浅沟是播种沟，四周是用来埋地膜的；

③在中间三条浅沟里一次浇足水，然后撒上蕹菜的种子，再将地整平；

④最后将地膜平整的摊在地面，四周放入浅沟里，用土埋上，注意要摊平，紧贴地面；

⑤ 1 周后，小蕹菜就露出了笑脸。

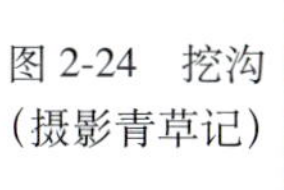

图 2-24　挖沟
（摄影青草记）

图 2-25　撒种整平
（摄影青草记）

图 2-26　覆盖地膜
（摄影青草记）

图 2-27　从地膜中顽强的顶土而出的蕹菜
（摄影青草记）

芥　蓝

中文名：芥蓝
别　名：白花芥蓝
科　属：十字花科芸薹属

形态习性

芥蓝为蔬菜中以花薹为产品的一、二年生草本植物。原产我国南方，栽培历史悠久，是我国的特产蔬菜之一，在广东、广西、福建等南方地区是一种很受人们喜爱的家常菜，更是畅销东南亚及港澳地区的出口菜。

芥蓝有香蕈的鲜美味道。以肥嫩的花薹和嫩叶供食用，肉质脆嫩、清香，味鲜美，可炒食、汤食，或做配菜。风味别致，营养丰富，是甘蓝类蔬菜中营养比较丰富的一种。

图 2-28　芥蓝（摄影青草记）

图 2-29　芥蓝茎叶（摄影青草记）

芥蓝苗期和甘蓝相似。根系浅生，有主根和须根，主根不发达。成株叶片较稀疏、茎粗直立，分枝力强。叶卵圆、椭圆或近圆形，色浓绿，叶面光滑或皱缩，有白色蜡粉。叶柄明显或具耳翼，花茎绿色，初生花茎肉质，节间较疏，称花薹。花茎分枝，花白色或黄色，总状

花序，种子褐色。千粒重 3.5 ~ 4.0 克。

芥蓝喜温和的气候，耐热性强。种子发芽和幼苗生长适温为 25 ~ 30℃，20℃以下时生长缓慢，叶丛生长和菜薹形成适温为 15 ~ 25℃，喜较大的昼夜温差。30℃以上的高温对菜薹发育不利，15℃以下时生长缓慢。芥蓝属长日照作物，其生长发育过程需要良好的光照，不耐阴。芥蓝喜湿润的土壤环境，不耐干旱。对土壤的适应性较广，而以壤土和沙壤土为宜。对氮、磷、钾的吸收以钾最多，磷最少，幼苗期吸肥量较少，生长较缓慢，菜薹形成期吸肥量最多。

图 2-30 芥蓝花（摄影青草记）

图 2-31 芥蓝花（摄影青草记）

繁殖养护

育苗　播种可采用直播或育苗移栽，育苗地应选择排灌方便的沙壤土或壤土，最好前茬不是十字花科蔬菜的土地。整地时要多施腐熟的有机肥，用撒播方式进行播种。要经常保持育苗畦湿润，苗期施用速效肥 2 ～ 3 次，注意间苗，间苗时间一般在 2 片真叶出现以后进行，避免幼苗过密徒长。苗龄 25 ～ 35 天可达到 5 片真叶。

定植　选用保肥保水的壤土，精细整地，施入腐熟猪粪、堆肥及少量过磷酸钙作基肥，并与土壤混合均匀。在栽苗前一天下午给苗床浇一次透水，选择生长好、茎粗壮、叶面积较大的嫩壮苗露地定植，栽苗应在下午进行，栽种行株距为 30 厘米 /22 厘米，栽苗不宜深，以苗坨土面与畦面栽平或稍低 1 厘米为宜。苗栽好后浇足水，以恢复长势。

管理　栽后根据温度、湿度情况及时浇缓苗水。缓苗后叶簇生长期适当控制浇水。进入菜薹形成期和采收期，要增加浇水次数，经常保持土壤湿润。基肥与追肥并重，追肥随水施，一般缓苗后 3 ～ 4 天要追施少量的氮肥或稀鸡粪，现蕾抽薹时追施适当的速效性肥料或人粪尿。主薹采收后，要促进侧薹的生长，应重施追肥 2 ～ 3 次。

芥蓝前期生长较慢，株行间易生杂草，要及时进行中耕除草。随着植株的生长，茎由细变粗，基部较细，上部较大，形成头重脚轻，要结合中耕进行培土、培肥。

病虫害防治

芥蓝的病害较少，多见细菌性病害黑腐病，高温高湿易发生。防治方法为选用抗病品种，避免与十字花科蔬菜连作，发现病苗及时拔除，初发现病斑用 75% 百菌清 500 倍液喷雾防治。常见虫害有菜青虫、小菜蛾，可用菊酯类或阿维菌素类乳油 3 000 倍液喷雾防治。蚜虫用辣椒水防治。

落 葵

中文名：落葵
别 名：木耳菜、软浆叶、藤菜、胭脂菜、豆腐菜、汤菜
科 属：落葵科落葵属

形态习性

落葵原产中国和印度，中国栽培历史悠久，两千年前的《尔雅》中即有记载，中国南方各省区栽培普遍。落葵有两个品种。红落葵的茎、叶和花为紫红色；白落葵的茎、叶为绿色，花白色。落葵为一年生缠绕性草本植物，适合家庭在阳台和窗台的防盗网上种植。落葵主要食用幼苗和嫩梢，常做汤菜，口感滑润。

落葵根系发达。茎肉质，右旋缠绕，分枝强。单叶互生，近圆形和长卵形，先端钝或微凹，肉质光滑。穗状花序，腋生，两性花，白或紫红色。果圆形，老熟后紫红色，含种子1粒，种皮紫黑色。

落葵生长势强，很少病虫害，喜温暖，耐高温高湿。种子发芽适温20℃左右，生长适温25～30℃。在高温多雨季节生长良好，不耐寒，遇霜枯

图 2-32 阳台上的落葵（摄影赵晶）

图 2-33 落葵花（摄影赵晶）

图 2-34　落葵籽（摄影赵晶）

图 2-35　落葵小苗（摄影赵晶）

死。适合种植在肥沃疏松 pH 为 4.7 ～ 7 的沙壤土里。

繁殖养护

播种　播种期可分别在 4 月和 8 月播种，产量高，品质好。春播时宜浸种催芽后播种，撒播或点播。

管理　播种前施足腐熟堆肥。生长期间勤施速效氮肥，促使茎叶迅速生长。留种株选茎粗、叶大、无病害的苗定植，株高 30 厘米时立支架。

采摘　撒播的从 5 ～ 6 片真叶开始陆续间拔采收。点播的株高 20 ～ 25 厘米时摘取嫩茎，留基部 2 ～ 3 叶，利用腋芽发新梢，多次采收。

留种　开花后 30 ～ 40 天果实成熟，可分批采收果实。将果实置容器内发酵去皮、洗净晾干。

病虫害防治

褐斑病防治方法是适当密植，改善通风透光条件，避免浇水过多和施氮肥过多。发病初期，可用 75%百菌清可湿性粉剂 600 倍液，或 40%万多福可湿性粉剂 800 倍液，每 7 ～ 10 天喷撒一次，连续 2 ～ 3 次。灰霉病发病初可用 50%苯菌灵可湿性粉剂 1 500 倍液，或 50%农利灵可湿性粉剂 1 000 倍液，每 10 天一次，连喷 2 次。虫害常有蚜虫危害，用辣椒水防治。

茼蒿

中文名：茼蒿

别　名：茼蒿菜、春菊、打妻菜、艾菜、花冠菊、蓬蒿、蒿菜

科　属：菊科茼蒿属

形态习性

在古代，茼蒿为宫廷佳肴，所以又叫“皇帝菜”。茼蒿的茎和叶可以同食，亦可入药。幼苗或嫩茎叶供生炒、凉拌、做汤食用，具有特殊香味，鲜香嫩脆，含有丰富的营养物质，一般的营养成分无所不备，尤其胡萝卜素的含量极高，是黄瓜、茄子含量的20～30倍。有“天然保健品，植物营养素”之美称。其中含有特殊香味的挥发油，气味芬芳，有助于消食开胃，增加食欲。丰富的粗纤维有助肠道蠕动。可以养心安神、稳定情绪、降压补脑，防止记忆力减退。茼蒿的根、茎、叶、花都可入药，有清血、养心、降压、润肺、清痰的功效。

茼蒿为一年生或二年生草本植物。叶互生，长形羽状分裂或深裂，叶肉厚；茎圆形，绿色，有蒿味；头状花序，花黄色或白色，形态优美；瘦果褐色有棱；株高达66～100厘米。茼蒿属浅根性蔬菜，根系分布在土壤表层。茼蒿生长速度快，病虫害少，容易栽培，南

图2-36　花盆中的茼蒿（摄影赵晶）

方、北方都可种植，尤以春、秋两季播种最好。茼蒿性喜冷凉，不耐高温，生长适温20℃左右，12℃以下生长缓慢，29℃以上生长不良，能够忍受短期0℃左右的低温。茼蒿对光照要求不严，一般以较弱光照为好。肥水条件要求不严，但以不积水为佳。茼蒿的品种依叶片大小，分为大叶茼蒿和小叶茼蒿两类。

图2-37 大叶茼蒿（摄影赵晶）

图2-38 小叶茼蒿（摄影赵晶）

图2-39 茼蒿花（摄影青草记）

图 2-40 茼蒿花（摄影青草记）

繁殖养护

整地 茼蒿对土壤要求不甚严格，pH 5.5 ～ 6.8 时最适宜生长。茼蒿生长快且需肥水量大，应选择土壤肥沃、湿润、疏松、保水保肥性好的壤土，施足农家肥。农家肥、过磷酸钙、碳酸氢铵比例为 50 ∶ 1 ∶ 1。细致整地成等畦。

播种 茼蒿发芽适温 20 ～ 25℃，北方春播一般在 3 ～ 4 月，秋播 7 月下旬至 9 月上旬；南方春播在 2 月下旬至 3 月下旬，秋播在 8 月中旬至 9 月上旬。茼蒿除单作外，可与甘蓝、番茄等套种。多用平畦撒播或条播。撒播前浇水，水下渗后播种，为防止种子打团，可用一定量的中沙混合后撒播。条播行距为 8 ～ 10 厘米。

秋播气温高，易干旱，播种时可干子直播，也可浸种催芽后直播。催芽播种出苗快，苗齐。可用 45℃的温水浸种，边倒种子边搅，至常温时浸种 24 小时，之后放置在 15 ～ 20℃的温度下催芽。每天用清水冲洗 1 次，保持湿润，严防温度过高。有条件的可用遮阳网覆盖，或用稻草、麦草和玉米秆薄薄地覆盖一层，出苗时去掉覆盖物，防止水分蒸发及大雨后土壤板结，有利于发芽。

管理 出苗以后，要及时拔除杂草。由于生长期短，且以茎叶为食，需适时追施速效氮肥。幼苗有 4 片真叶时第一次追肥，有 8 ～ 10 片真叶时第二次追肥，生长期间追液肥 4 ～ 5 次。采收后要及时补肥补水。要求充足的水分供应，生长期保持土壤湿润。

采收 苗高20厘米时开始采收。全部一次割收，或分次疏苗间拔均可。也可掐嫩茎食用，苗高约25厘米时，茎基部留2个叶节摘取上部。侧芽萌发长大后，再留1～2叶摘收嫩梢，共收3～4次。

病虫害防治

茼蒿生长期短，病虫害少，一般不用防治。但当阴雨高湿时，常有霜霉病、叶枯病、炭疽病发生，可用75%百菌清600倍液，或65%代森锰锌500倍液，或70%甲基托布津500倍液防治。如有蚜虫可用辣椒水防治。

小知识

不同类蔬菜的施肥方法

①叶菜类

主要有大白菜、小白菜、包菜、菠菜、香菜等。叶菜类追肥以氮肥为主，生长旺盛期还需增施磷、钾肥。如生长期氮肥供应不足，则植株矮小，组织粗硬，春季栽培的叶菜还易早期抽薹，结球类叶菜后期磷、钾肥不足，往往不易结球。

②果菜类

包括瓜类、茄果类和豆类。一般幼苗需氮较多，但过多施氮肥易引起徒长，反而延迟开花结果，增加落花、落果；进入生长期，要增施磷、钾肥，节制氮肥用量，瓜果坐果后，应重施肥，以后每结一批瓜果需补充一次肥水。

③根菜类

主要有萝卜、胡萝卜等，食用部分是肉质根。其生长前期主要供应氮肥，促使形成肥大的绿叶，到生长中后期即肉质根生长期，则要多施钾肥，适当控制氮肥用量，以便形成强大的肉质直根，如果后期氮肥过多而钾肥不足，则易使地上部分徒长，根茎细小，产量下降，品质变劣。

根茎类

GENJINGLEI

以肥大的根部为产品的称根菜类蔬菜
以肥大的茎部为产品的称茎菜类蔬菜

菜　薹

菜薹起源于中国南部，由白菜易抽薹品种经长期选择和栽培而来，为芸薹属芸薹种白菜亚种中以花薹为产品的变种，并形成了不同类型的品种。一、二年生草本植物。菜薹又分为青菜薹和红菜薹，青菜薹在南方广泛种植，红菜薹则主要在湖北武汉地区种植。

青菜薹

中文名：　青菜薹
别　名：　白菜薹、菜心
科　属：　十字花科芸薹属

形态习性

青菜薹被誉为“蔬菜之冠”，其风味独特，质嫩味佳。品种繁多，适用性广，生长迅速，栽培简单。又称菜心，古称薹心菜。薹柔嫩，供炒食。

图 3-1　青菜薹（摄影青草记）

青菜薹根系不发达，分布浅。不同生长阶段对温度要求不同，种子发芽的最适温度为 24 ~ 26℃，适于菜薹叶片形成和生长的温度为 15 ~ 20℃，15℃以下生长缓慢，30℃以上则生长较困难。青菜薹在我国南方各地一年四季均

图 3-2　青菜薹花（摄影青草记）

可抽薹开花。幼苗 2 ~ 3 片真叶时开始花芽分化，显蕾以前以叶片生长为主，显蕾后菜薹迅速生长。总状花序，完全花，花冠黄色。初花至种子成熟需 50 ~ 60 天。长角果，含种子 15 ~ 30 粒，种子近圆形，红褐色至褐色，千粒重 1.3 ~ 1.7 克。

繁殖养护

整地　青菜薹较耐肥，在生产上选择土壤肥沃疏松且富含有机质的壤土或沙壤土种植。播前深耕晒垡，施足基肥，精细整地。宜施足腐熟猪粪或鸡粪作基肥，与土壤充分混匀。

播种　早熟青菜薹的适播期为 5 ~ 9 月，这个季节高温高湿，暴雨较多，宜直播；中熟青菜薹一般在 3 ~ 4 月和 9 ~ 10 月播种；晚熟青菜薹常在 11 月至翌年 3 月播种，用温水浸种催芽后播种较好。

播后用遮阳网覆盖，起保湿、防高温灼伤及暴雨冲击和土壤板结的作用，以利出苗、齐苗和全苗。出苗后迅速揭开遮阳网防止徒长。

间苗　当幼苗真叶展开后，应及时疏去密苗、弱苗和病苗；三叶期间定苗，苗行株距为 13 厘米 /10 厘米左右，在植株现蕾前可最后一次间去过密的弱株和病株，利于通风透光，提高出产率和菜薹的质量。

管理　生长期间及时追肥，早期以速效氮肥为主，中后期配合增施磷钾肥，有利于提高菜薹的产量和品质。一般在第一片真叶时可浇一次稀薄粪水进行提苗；三叶期结合间苗进行追肥，以后每隔一星期追施一次，到菜薹采收时停止施肥，施肥时应避免肥料落在花蕾上造成烂蕾。

采收　当菜薹高度与植株叶片齐平或接近（俗称齐口花）时，应及时采收。适时采收有利于提高菜薹产量和品质。

病虫害防治

霜霉病可用75%百菌清500倍液喷雾防治，软腐病可喷农用链霉素或用70%的敌克松浇灌病株及周围植株根部防治。

菜青虫、小菜蛾可用菊酯类或阿维菌素类乳油3 000倍液喷雾防治。

由于菜薹采收后留下的伤口大，为防止积水发病，可在采收后用农用链霉素进行叶面喷施。

红菜薹

中文名：红菜薹
别　名：芸薹、紫菜薹、芸菜薹
科　属：十字花科芸薹属

形态习性

红菜薹盛产于湖北武昌洪山一带，又称洪山菜薹，别名“芸菜薹”。据史籍记载，红菜薹在唐代是著名的蔬菜，历来是湖北地方向皇帝进贡的土特产，曾被封为“金殿玉菜”，与武昌鱼齐名。它营养丰富，含有钙、磷、铁、胡萝卜素、抗坏血酸等成分，丙种维生素比大白菜、小白菜都高。洪山菜薹即产于武昌洪山一带的红菜薹，颜色紫红，色泽艳丽，脆嫩清香，营养丰富，为佐餐之佳品，常食不厌，是武汉人冬、春两季的家常菜之一。

红菜薹早熟、高产、抗寒。植株中等，叶丛较开展，中肋、叶脉、叶柄、薹均为紫色；薹长35厘米，基部粗1.8厘米，单株产薹0.5千克；花金黄。播种至始收60天，前期产量高，薹粗壮，质脆嫩，品质好，抗病性强。红菜薹有早、中、晚3个品种，适宜在疏松肥沃的沙岸冲积沙壤土栽培。

图3-3 红菜薹（摄影青草记）

图3-4 红菜薹产品（摄影青草记）

图3-5 红菜薹花（摄影青草记）

繁殖养护

育苗 先将地里的杂草铲除干净，深翻耕均；撒生石灰进行土壤消毒，然后整地作畦，窄畦深沟；土必须细碎平整。早红菜薹在大暑至立秋育苗；中红菜薹在处暑至白露育苗；晚红菜薹在秋分至寒露育苗。播种前种子用代森锌拌种(用药量为种子重量的0.5%)。撒播均匀，播种后覆盖一层充分腐熟猪粪浓渣，寒冬前搭棚架防冻。每天早、晚各浇一次复水，保持床土湿润，直至种子出苗。齐苗后，二叶一心左右要进行间苗除杂。

整地 定植地应选择排灌方便、土层深厚、疏松肥沃、保肥保水性能好的沙壤土。忌十字花科作物连作。翻耕烤晒，砸碎整平。开沟作畦，将基肥深埋入土，再平整厢面。基肥以人畜粪渣，火土杂肥为主，应隔 6 天左右才能定植。

定植 播后 20 天左右长出 4 ~ 5 片真叶时可以定植。定植当天应将苗床浇透水，数小时后再拔苗，尽量带土移栽，栽后及时浇定根水。定植密度行株距为 45 厘米 /40 厘米。

管理 定植后每天早、晚各浇水一次，直至成活。定植成活后及时追施 1 ~ 2 次稀粪水，促苗早生快发，越冬前重施有机肥，开春后早施追肥，及时摘除“黄脚叶”。生长前期，抽薹前进行中耕除草，勤施肥水，割一次薹应浇一次肥水，追肥要施于根际，不可撒在叶片处。争取收获 2 ~ 3 轮粗壮侧薹，要求切口平齐，不留桩，不伤底芽及边芽，以利子薹整齐粗壮。

病虫害防治

病毒病用 1 000 倍敌克松或 200 倍农用链霉素灌根防治，5 ~ 7 天一次，连续 3 ~ 4 次；发现霜霉病及时摘除病叶，在雨前用 800 倍百菌清喷基部叶反面，10 ~ 15 天一次，喷 1 ~ 3 次。

蚜虫和菜青虫可用辣椒水防治；也可用菊酯类或阿维菌素

类乳油 3 000 倍液喷雾防治。

由于菜薹采收后留下的伤口大，为防止积水发病，可在采收后用农用链霉素进行叶面喷施。

小资料

红菜薹炒腊肉

关于洪山菜薹，清人曾在《汉口竹枝词》中唱道："不需考究食单方，冬月人家食品良，米酒汤圆消夜好，鳊鱼肥美菜薹香"。慈禧太后称之为"金殿玉菜"，常差人来楚索取。

洪山菜薹炒腊肉的做法很讲究。菜薹要选洪山宝通禅寺周围种植的，要既鲜且嫩，主要吃薹，薹用手折断，洗净沥干备用。腊肉也要切成 3 厘米长的薄片，先放进锅里煸炒至香味四溢，然后捞起，再炒菜薹，最后把腊肉掺入，起锅装盘。吃时菜薹鲜嫩脆香，腊肉醇美柔润，别有风味。

莴　苣

莴苣分为茎用和叶用两大类。茎用的主要品种称莴笋，叶用的主要品种称生菜。

莴笋

中文名：　莴笋
别　名：　香笋、千金菜
科　属：　菊科莴苣属

形态习性

莴笋属能形成叶球或嫩茎的一、二年生草本植物。株高10～80厘米，具长根状茎。根圆锥形，棕褐色。茎直立，单生或数个丛生，具纵棱。春季只具基生叶，初夏抽出花薹并开花。基生叶绿色，长椭圆形，短叶柄，柄基半抱茎；叶片具不规则的羽状，浅裂，边缘具细小的刺齿，茎上部叶较小；茎顶为展开的圆锥花序，头状花序，总苞片3层，带紫红色，花全为舌状，两性，黄色或淡紫色；瘦果长椭圆形，长约5毫米，灰色或黑色。

莴笋适应性较广，对土壤要求不太严格，一般的平原、坡地都能种植，但要获得较高效益，还是要选肥沃、能排能灌的土地。对不太肥沃的土壤，要增施大量的有机肥，在较为干旱的田块可以用地膜栽培。莴笋又分尖叶莴笋和圆叶莴笋。一般尖叶莴笋更耐热一些，不容易生病。而圆叶莴笋产量高，味道更佳，容易被消费者接受。

图 3-6　莴笋小苗（摄影青草记）

图 3-7　尖叶莴笋（摄影青草记）

图 3-8　白圆叶莴笋（摄影青草记）

图 3-9　红叶莴笋（摄影青草记）

图 3-10　绿叶莴笋（摄影青草记）

图 3-11　莴笋花（摄影爱种花更爱种菜）

图 3-12　莴笋花（摄影爱种花更爱种菜）

繁殖养护

莴笋是一种成熟期短、产量高、食味佳、营养好、经济效益高的秋季蔬菜作物，其主要栽培技术要点如下：

播种　选用耐热性强、抗病性好、适应性广、生育期短、不易抽薹、优质高产的中晚熟品种为宜。过早播种，植株矮小，容易抽薹，质差产量低。过迟播种，生长量不足，叶多茎细，产量低。以 8 ～ 10 月播种最佳。播种前用低温催芽。先用冷水浸种 7 ～ 8 小时，然后捞起沥干水分。用纱布袋包扎好，外套塑料袋，放入冰箱冷藏室内催芽。3 ～ 4 天后，种子露白发芽即可播种育苗。

定植　莴笋采用撒播。苗地要选择排水良好的田块，苗床做到湿润、阴凉。播种后搭好阴棚或者覆盖遮阳网，出苗后及时间苗，施稀薄粪水，促进生长发育，以利苗矮健壮。待苗长至 4 ～ 5 片真叶，播后 20 ～ 25 天移栽大田。莴笋株形紧凑，一般行株距 30 厘米 /20 厘米。不能栽得过深，然后浇足定根水。

管理　大田施肥主要采用一次性施足底肥。一般用腐熟土杂肥、钾肥、磷肥、复合肥混合施入土中作基肥。定植后最好用遮阳网等物进行架空覆盖，10 天左右再逐步揭去覆盖物。成苗后，必须要注重叶面追肥，磷酸二氢钾、尿素掺水浇施，并进行中耕

松土，促进根系生长。进入开盘期，茎开始膨大时，将人粪尿、碳铵尿素掺水浇施，促进茎部迅速膨大，以获得肥大的嫩茎。

病虫害防治

莴笋易发生霜霉病，可在发病初期喷洒75%百菌清可湿性粉剂600倍液，每隔一周喷一次，共喷3～4次。

主要虫害是蚜虫和红蜘蛛，可用辣椒水防治。

生菜

中文名：生菜
别　名：菠棱、赤根菜
科　属：菊科莴苣属

形态习性

生菜是叶用莴苣的俗称，为一年生或二年生草本作物，也是欧、美国家的大宗蔬菜，深受人们喜爱。生菜原产欧洲地中海沿岸，由野生种驯化而来。生菜传入我国的历史较悠久，台湾、两广地区、东南沿海，特别是大城市近郊栽培较多。

生菜按叶片的色泽区分有绿生菜、紫生菜两种。其中，绿生菜又分深绿和浅绿两种，而紫生菜较为罕见。如按叶的生长状态区分，则有散叶生菜、结球生菜两种。前者叶片散生，后者叶片抱合成球状。叶片呈倒卵形，叶面平滑或皱缩、质地柔软脆嫩、叶缘呈波纹锯齿状。结球生菜性喜冷凉的气候，生长适温为15～20℃，最适宜昼夜温差大、夜间温度较低的环境。结球适温为10～16℃。生菜性喜微酸的土壤(pH 6～6.3最好)，以保水力强、排水良好的沙壤土或壤土栽培为优。生菜需要较多的氮肥，故栽植前基肥应多施有机肥，生长过程中，不再施有机肥。

图 3-13 生菜苗（摄影青草记）

图 3-14 浅绿散叶生菜（摄影青草记）

图 3-15 深绿散叶生菜（摄影青草记）

图 3-16 浅绿结球生菜（摄影青草记）

图 3-17 深绿结球生菜（摄影青草记）

繁殖养护

播种 生菜一般采用播种育苗，在冷凉季节可直接播种。生菜种子发芽适温 15 ～ 20℃。在夏季播种时需低温处理，浸种后放冰箱冷藏室中催芽，2 天后待芽露白后再行播种。用这种方法处理过的生菜籽，发芽率高，发芽整齐，播种后 1 ～ 2 天即可全部出苗。播种苗床应尽可能地设在通风凉爽的地方，并采用黑色遮阳网进行遮阳，以降低气温和地温。

定植 出苗一个星期后应进行间苗，当幼苗具有 4 ～ 5 片真叶时即可定植。定植行株距为 20 厘米 /15 厘米。

管理 定植前应施足基肥，定植一星期后至封行前追施薄肥 3 ～ 4 次，即将封行时追施重肥 1 次。观赏用的生菜可先在田间种植再移栽上盆，也可直接定植在花盆内。一般盆栽用质轻的泥炭土、珍珠岩等作基质，既洁净卫生，又漂亮美观。

病虫害防治

生菜主要病虫害有软腐病、褐斑病等。在防治方面，应选用无病种子实行轮作、加强田间管理、及时排水、合理密植、施足腐熟肥、增施钾肥、及时清除杂草和病株残体。软腐病可用 72%农用链霉素、可湿性粉剂 4 000 倍液等防治；褐斑病可用 50%扑海因、可湿性粉剂 1 500 倍液等防治。

蚜虫可用辣椒水防治。

小知识

施药安全间隔期

最后一次施药到收获日期相隔的天数，保证收获蔬菜的农药残留不会超标，称为安全间隔期。一般气温高时是 7 ～ 10 天，气温低时是 10 ～ 15 天。

农药施用在蔬菜上后，通过蔬菜体内酶和土壤微生物的作用，农药本身的异构或裂解以及光解、碱解，特别是在气候条件影响下，农药残留量就可以逐渐降低到允许的标准以下。

施过农药后，必须在安全间隔期后才能收获和食用，尤其是生菜这种全株都能食用的蔬菜。同时生菜是速生叶菜类蔬菜，在病虫害防治过程中，应选用低毒、高效、低残留的农药，以防农药残留，影响生菜品质。

白萝卜

中文名：白萝卜
别　名：莱菔、芦菔
科　属：十字花科萝卜属

形态习性

白萝卜是能形成肥大肉质根的一、二年生草本植物，原产我国，世界各地都有种植，尤以中国、日本栽培普遍。在气候条件适宜的地区，四季均可种植，萝卜喜富含有机质、质地疏松、排水良好、土层深厚的中性沙壤土或壤土，应避免在黏土中栽培。多数地区以秋季栽培为主，成为秋、冬季的主要蔬菜之一。萝卜品种极多，常见有青萝卜、白萝卜、水萝卜和心里美等。根供食用，种子含油 42%，可用于制造肥皂或作润滑油。种子、鲜根、叶均可入药，能下气消积。生萝卜含淀粉酶，能助消化。

白萝卜为直根系，小型萝卜的主根深为 60 ～ 150 厘米，大型萝卜则深达 180 厘米，主要根群分布在 20 ～ 45 厘米的土层中。肥大的肉质根有不同的皮色、肉色和形状。营养生长期茎短缩，进入生殖生长期抽生花茎。子叶两片，肾形；第一对真叶匙形，称“初生叶”；以后在营养生长期内长出的叶子统称“莲座叶”。叶形

图 3-18　白萝卜苗（摄影青草记）

有板叶和羽状裂叶，叶色有淡绿、深绿等，叶柄有绿、红、紫色，叶片和叶柄上多茸毛。叶丛有直立、半直立、平展、塌地等状态。复总状花序，完全花，白、粉红或淡紫色，十字形；长角果，内含种子 3 ～ 8 粒，角果成熟不易开裂。种子为不规则的圆球形，种皮浅黄色至暗褐色。

图 3-19　白萝卜（摄影青草记）

图 3-20　收获的白萝卜（摄影青草记）

图 3-21　白萝卜白花（摄影青草记）

图 3-22　白萝卜红花（摄影青草记）

繁殖养护

中国各地栽培白萝卜以秋冬萝卜为主。要尽量将肉质根形成期安排在当地温度最适宜的月份内。播种过早，苗期遇 28℃以上的高温，易受病虫侵害；播种太晚，有效积温不足，产量显著降低。

整地 施足基肥并以有机肥为主。腐熟有机肥、草木灰和过磷酸钙的比例为 50 ∶ 1 ∶ 0.5。施后整地作畦备用。

播种 7 月中下旬至 9 月均可播种，以 8 月中下旬至 9 月中旬为最佳播种期。撒播时要均匀撒开，播后要保持土壤湿润，1 周左右可出苗。点播时每穴播 3 ～ 4 粒种子，播种深度 2 厘米左右，行株距 50 厘米 /25 厘米，并做到及时间苗、定苗。破肚时，每穴只可留 1 株。

管理 在营养生长期内，萝卜对营养元素的吸收，以钾最多，氮次之，磷最少。在施足基肥基础上，追肥以速效氮、钾肥为主，一般分 2 ～ 3 次施入。重点在破肚期，经常保持土壤湿润，苗期适当控水，破肚后应增加水分，但不可过多。通常掌握地发白才浇的原则。

病虫害防治

白萝卜病虫害较少，主要有病毒病和蚜虫。病毒病可用 20%病毒 A 500 倍液或 1.5%病毒灵 1 000 倍液进行防治。蚜虫可用辣椒水防治。

名词解释

营养生长期和生殖生长期

种子在发芽后到开花之间的那段生长时期就叫“营养生长期”；开花后的生长时期就叫“生殖生长期”。通俗地说就是前者是长身体的时期，后者是留种的时期。如果不留种，长壮了就可以收获。

破　肚

当萝卜幼苗长出5～6片叶时，由于根的中柱开始膨大，而表皮和初生皮层不能相应膨大，从下胚轴部位破裂，称“破肚”，又称“破白”。破肚历时5～7天，破肚结束即幼苗期终了。破肚结束至肉质根形成，适温13～18℃，一般需40～70天。生长期短的四季萝卜及春夏萝卜在适温下仅需15～25天。

友情提示

白萝卜常见问题分析

①萝卜黑皮黑心

主要是施用了未经发酵的新鲜圈肥，由于土壤微生物活动旺盛，消耗氮气过多，易造成根部窒息，部分组织会因缺氧而发生黑皮或黑心。

②萝卜多根裂根

在肉质根形成期，土壤含水量稳定在20%左右较适宜。土壤含水量偏高，通气不良，肉质根皮孔加大，皮粗糙，侧根处形成不规则的突起；土壤干湿不匀，肉质根木质部的薄壁细胞迅速膨大，而韧皮部和周皮层的细胞不能相应膨大，易裂根。

③糠心

萝卜肉质根发生糠心，是因为木质部薄壁细胞内含物消失，使细胞收缩，间隙扩大，进而出现气泡，形成空心状态；或肉质根形成期由于木质部薄壁细胞迅速膨大，同化产物供给不足，细胞内含物迅速降低所造成。预防方法是萝卜不能干旱过久；在抽薹前收获；当气温降至0%时，应及时收获；存放时间不能过长。

④萝卜味苦

主要是生长期间天气炎热，或施用氮肥过多，磷肥不足时，易产生苦瓜素，使萝卜味苦。

小资料

萝卜泡菜

萝卜营养丰富，可生食、炒食、干制。萝卜还是腌渍、酱菜、泡菜的主要原料，除可做萝卜干、腌萝卜干外，还可制成辣萝卜条、酱萝卜等。下面介绍一种简便易行的萝卜泡菜制作方法：

图 3-23　将萝卜叶晒至半蔫（摄影青草记）

①将过密的破肚期萝卜苗或者老萝卜叶子除去残叶，不清洗在太阳下晒至半蔫；

②将萝卜叶子平放在容器中，不用放盐；

图 3-24　将萝卜叶放入容器（摄影青草记）

③将烧开的开水直接倒进放萝卜叶的容器中；

④用石块压实。

1 周后即可取出洗净食用，色泽金黄口感香脆，不含色素和防腐剂，开胃又有利健康。一时半会儿吃不完，还可以捞出蒸熟再晒干，就是更加美味的梅干菜。

图 3-25　用石块压实（摄影青草记）

芋 头

中文名：芋头
别 名：青芋、芋艿
科 属：天南星科芋属

形态习性

芋头可以作为蔬菜种植，也可作为观赏植物种植，形态类似绿萝和滴水观音。芋头有 100 多种不同种类，为多年生块茎植物，常作一年生作物栽培。芋头原产于印度，我国以珠江流域及台湾省种植最多，长江流域次之，其他省市也有种植。

芋头叶片盾形，叶柄长而肥大，绿色或紫红色；植株基部形成短缩茎，逐渐累积养分肥大成肉质球茎，称为“芋头”或“母芋”，肉质球茎为卵形、椭圆形或块状等。母芋每节都有一个腋芽，但以中下部节位的腋芽活力最强，发生第一次分蘖，形成小

图 3-26 芋头叶片（摄影青草记）

图 3-27　芋头（摄影青草记）

图 3-28　收获的芋头（摄影青草记）

的球茎称为“子芋”，再从子芋发生“孙芋”，在适宜条件下，可形成曾孙芋或玄孙芋等。芋头可以长到 1 米多高，而且有宽大的叶子；嫩芽用沸水烫过之后可以食用。

芋头性喜高温湿润，不耐旱，较耐阴，并具有水生植物的特性，水田或旱地均可栽培。根系吸收力弱，整个生长期要求充足水分；对土壤适应性广，以肥沃深厚、保水力强的黏质土为宜；生长适温 20℃以上，球茎在短日照条件下形成，如遇低温干旱则生长不良，严重影响产量。

繁殖养护

母芋储藏　10 月份收获母芋，掰除子芋，除去表面杂物，放入多菌灵 500 倍溶液中浸 30 分钟。捞起晾干后晒两天，加速伤口愈合。然后将芋种放在通风的室内，11 月下旬最低气温降到 0℃时采取保温措施。

整地施肥　栽培芋头，应选择土层深厚、土质肥沃、保水保肥力强、便于灌排的地块种植。播种前深耕 35 ～ 40 厘米，以利根系深扎。结合耕地每 667 米 ^{2} 施腐熟厩肥或堆肥 5 000 千克以

上，硫酸钾复合肥 50 千克，碳铵 30 千克。耕后须整平耙细。

育苗定植　3 月下旬冷床育苗，也可用大棚育苗。取出芋种，晒 1 天后从顶芽纵切成块，每块重 100 ~ 150 克，单个芋母不足 100 克的整个做种。将种块放入多菌灵 500 倍液中浸 20 分钟，捞起晒半天即可播种。芋块间隔 2 厘米，播后覆土 2 厘米厚，浇水盖膜，每 2 ~ 3 天检查一次，保持床土潮湿。4 月下旬芋苗有 2 片真叶时定植。定植行株距 45 厘米 /25 厘米。

田间管理　加强肥水管理，特别是生长中后期要保持田间湿润，以利于结芋。7 ~ 8 月连续壅土 2 次，以保证早结芋、结大芋。芋头较耐弱光，对光照强度要求不是很严格。在散射光下生长良好，球茎的形成和膨大要求短日照条件。叶片旺盛生长期和球茎形成期，需水量大，要求增加浇水量或在行沟里灌浅水。水芋生长期要求有一定水层，幼苗期水层 3 ~ 5 厘米。叶片生长盛期以水深 5 ~ 7 厘米为好，收获前 6 ~ 7 天要控制浇水和灌水，以防球茎含水过多，不耐贮藏。

适时收获　在霜降前后，如芋头叶片均已变黄衰老，就表明地下球茎已经成熟，这时淀粉含量高，口味好，是收获的最佳时期。

病虫害防治

芋头一般没有什么病虫害。如果发生疫病或腐败病，可用 64%杀毒矾或 55%瑞毒霉 800 倍液进行喷雾；发生红蜘蛛、蚜虫时，可用辣椒水防治。

◎ 生活小窍门　芋头去皮妙法

将带皮的芋头装进小口袋里（只装半袋），用手抓住袋口，将袋子在水泥地上摔几下，再把芋头倒出，便可以发现芋头皮全脱下了。芋头汁易引起局部皮肤过敏，可用姜汁擦拭缓解。

红　薯

中文名：红薯
别　名：甘薯、番薯、山芋、白薯、红苕
科　属：旋花科红薯属

形态习性

红薯原产美洲，由哥伦布于1492年带回欧洲，然后经葡萄牙人传入非洲，后由太平洋群岛传入亚洲。红薯最初引入我国是在明代万历年间，由福建华侨陈振龙克服许多困难，把红薯种带回福州，后在全国广为栽培。因其具有适应性广、繁殖力强、栽培简便、高产稳收、营养丰富、用途广泛等特点，全世界有100多个国家或地区种植红薯。

红薯为一年生蔓生草本植物。茎叶长2米以上，平卧地面。具地下块根，块根纺锤形，外皮土黄色或紫红色。叶互生，宽卵形，3～5掌裂。聚伞花序腋生，花苞片小，钻形，萼片长圆形，不等长，花冠钟状，漏斗形，白色至紫红色。蒴果卵形或扁圆形，种子1～4粒。

红薯性喜温，不耐寒。适宜栽培在平均气温22℃以上、无霜期不短于120天的地区。育苗温度应保持在16～32℃之间。薯苗栽插后需要18℃以上的气温始能发根，茎叶生长期气温低于15℃时生长停滞，低于6～8℃则呈现萎蔫状，经霜即枯死。块根形成膨大的适温在25℃左右。

红薯根系发达，较耐旱，属喜光的短日照作物，茎叶利用光能的时间长，效率高。不耐荫蔽，如与高秆作物间作套种，易致减产。红薯是块根作物，适宜在土层深厚、土壤疏松、透气排水好的壤土和沙壤土种植，pH在4.2～8.3之间。肥料三要素中需钾最多，其次为氮，再次为磷。

图 3-29　红梗红薯（摄影青草记）

图 3-30　绿梗红薯（摄影青草记）

图 3-31　红薯花（摄影谢小果）

繁殖养护

施肥整地　红薯适宜种植在沙壤地上，因此必须施足底肥，提高地力，使红薯获得高产。一般以施土杂粪、磷酸二铵、硫酸钾为宜。深耕能加厚土层，改善土壤通气性，有利于薯块膨大。深耕的深度一般以 30 厘米为宜。

早栽密植　红薯种植必须先育苗再栽种，种薯一般采用保护地育苗。薯苗质量与产量关系很大，苗壮，则薯苗插后快长、早发根、结薯早、抗逆性强；而老蔓、弱苗迟发、茎叶生长慢、抗逆性差。红薯栽种时间在 5 月 1 日以后为宜，将种藤剪成长约 16

厘米的段，留 3 ～ 5 叶为宜。栽种密度：长蔓品种、地力较肥的地块行株距 60 厘米 /30 厘米；短蔓品种 40 厘米 /20 厘米。

将已经剪切好的壮苗以水平浅栽法栽植，秧苗头向东南、顺风向栽植，防止风刮伤秧苗。埋土 5 ～ 7 厘米深，地上露 3 ～ 4 片叶。栽秧时浇足水，并及时补苗保证全苗。

田间管理 栽种成活后要早中耕、勤除草。中耕可使土壤疏松，增加土壤通气性，提高地温，消灭杂草。红薯是耐旱作物，前期一般不应多浇水，但遇土壤过于干旱可浇小水。长蔓品种在茎蔓长到 30 厘米左右时摘芯，促使茎蔓粗短、分枝多，对增产有一定效果。

中期控蔓是关键，在 7、8 月份的高温多雨季节，茎叶生长快，而薯块膨大慢，所以应以控制为主，防止茎叶徒长。长蔓品种每 667 米 ^{2} 喷多效唑 2 ～ 3 次，短蔓品种如茎蔓过旺可适量喷施。

8 月份以后，雨水较少，常发生干旱，影响薯块膨大。浇水可防止茎叶早衰，促使薯块膨大。对于叶色过黄、茎叶早衰的地块可结合浇水，每 667 米 ^{2} 施尿素 10 千克，作为催薯肥，对增产有一定的效果。

病虫害防治

红薯病害主要有叶斑病、红薯瘟、蔓割病、软腐病等。防治方法：水旱轮作；种苗用多菌灵或托布津 300 ～ 600 倍液浸泡 2 个小时后再种；当红薯出现上述病害时，用百菌清或托布津或多菌灵 600 倍液喷施防治。

红薯虫害主要有红薯天蛾、卷叶螟、金龟子、蝼蛄、地老虎、斜纹夜蛾等。防治方法：水旱轮作；种苗消毒；种植时用辛硫磷粉剂撒在基肥面上，再拉垄种植；收获后的产品，可以撒谷虫净贮藏。

名词解释

提　蔓

栽培红薯的农户都有雨后翻蔓的习惯，但翻蔓伤害茎叶，降低光合作用，不能增产，反而减产，所以应改翻蔓为提蔓。提蔓是将茎蔓提起后，仍放回原处，不使茎叶损伤、翻转。这样能有效防止茎节生长不定根，控制茎叶徒长，又能达到增产的目的。

图 3-32　错误的翻蔓法（摄影青草记）

小知识

红薯的营养价值

就总体营养而言，红薯可谓是粮食和蔬菜中的佼佼者。欧美人赞它是“第二面包”，前苏联科学家说它是未来的“宇航食品”，法国人称它是当之无愧的“高级保健食品”。

红薯含有膳食纤维、胡萝卜素、维生素 A、维生素 B、

维生素C、维生素E及钾、铁、铜、硒、钙等，营养价值很高，是世界卫生组织评选出来的“十大最佳蔬菜”的冠军。其中β-胡萝卜素、维生素E和维生素C尤多。特别是红薯含有丰富的赖氨酸，而大米、面粉恰恰缺乏赖氨酸。红薯与米面混吃，可以得到更为全面的蛋白质补充，还可促使上皮细胞正常成熟，抑制上皮细胞异常分化，消除有致癌作用的氧自由基，阻止致癌物与细胞核中的蛋白质结合，促进人体免疫力增强。

吃红薯要讲科学，否则吃后难以消化，还会出现腹胀、烧心、打嗝、泛酸、排气等不适感。红薯一定要蒸熟煮透。一是因为红薯中淀粉的细胞膜不经高温破坏，难以消化；二是红薯中的“气化酶”不经高温破坏，吃后会产生不适感。秋天孩子应该多吃红薯，这样可以预防秋燥。

另外，红薯的尖、叶和秆都可以食用，尤其是红薯尖清炒，清香扑鼻，甜糯可口，令人食欲大增。

图 3-33　红薯尖（摄影青草记）

图 3-34　红薯（摄影青草记）

凉 薯

中文名：凉薯
别 名：地瓜、豆薯、葛瓜、葛薯、沙葛
科 属：豆科地瓜属

形态习性

凉薯为蔓性一年生草本。凉薯的块根肥大，肉洁白脆嫩多汁，富含糖分和蛋白质，还有丰富的维生素 C，可生食也可熟食。种子及茎叶中含鱼藤酮，对人畜有剧毒，可制成杀虫剂。凉薯原产中国南部，我国长江流域普遍栽培，在华南地区及西南地区栽培也较多。

凉薯蔓细有茸毛，右旋，多分枝，往往匍匐地面。如任其自由伸长，蔓长可达 2 米左右，蔓生长坚韧，主茎能抽生若干侧枝。叶为三复叶，顶小叶菱形，每小叶斜卵形，浓绿色，表面光滑，具疏毛，叶背色较浅。花为总状花序，自蔓的基部第 5 ~ 6 叶腋开始抽生花序，以后在各叶腋连续发生，每一花序约有 20 余节，每节着花 2 ~ 4 朵，花为紫蓝色或白色蝶形，一般只有花序下部的花能够结荚结籽，荚果长 10 ~ 20 厘米，宽 1.5 厘米，未熟时浓绿，熟则转深褐色，密生锈色茸毛，荚内含种子 8 ~ 10 粒，种子扁平，微绿的淡黄色，种皮坚硬，水分及空气不易透入，故发芽缓慢。

图 3-35 凉薯花（摄影青草记）

凉薯根单一性，

每株仅一主根发达而成薯，长纺锤形或扁平形，表皮淡黄色，内皮与肉皆纯白，皮面有横皱纹，皮薄而坚韧，容易剥除，肉质脆嫩，水分极多，味甘美。老熟后加工制成沙葛粉，有清凉去热的功效。

凉薯为热带作物，性喜高温，生长适温为 20 ~ 30 ℃，肉质根膨大期适温 20 ~ 25 ℃。凉薯生长期间要求日照充足，长日照条件下适于长茎叶，短日照条件下适于块根膨大，故在温带地方还可作为夏季作物栽培。从播种到收获，早采收者约 120 天，待其成熟采收的，至多约 150 天。凉薯根系强大，耐旱、耐瘠力强，最喜干燥的沙壤土，宜稍瘠薄，切勿过于肥沃，以免茎薯徒长而根不肥大。在气候温暖的多山地，最适宜栽培。不宜连作。

图 3-36　凉薯叶花（摄影青草记）

图 3-37　凉薯（摄影青草记）

繁殖养护

选种　凉薯品种可大致分为扁圆形及纺锤两类，其品质以扁形种为佳，故生食者以栽培扁形为主。扁形种在贵州、四川一带盛行栽培，种子畅销全国各地，此种生长不盛，分枝少，株高约 1.6 米，开花及块根成熟均较早，品质好，肉纯白，质脆嫩，汁极多而甚甜，贮藏后甜味更佳，最宜作水果生食。锤形种我国台湾南部及广西、广东等地栽培较多，更喜高温，种子难成熟，块根成熟期也较晚，品质较差，但产量高，主要是作葛粉用，广西及其他各地亦多栽培。播种前应精选种子，选老熟饱满而新鲜的种子。

整地　凉薯不宜耕作太深，以免肉质根往下窜，形成长形根，纤维增多品质降低，一般以耕 17 ~ 20 厘米为宜，而沙壤土仅 13 ~ 17 厘米即可。凉薯栽培应着重于底肥，底肥以施草木灰、过磷酸钙和厩肥为主。

播种 凉薯生长期长，应尽量争取早播，一般早熟品种在 3 月份播种，晚熟品种 4 ~ 6 月播种。凉薯种子坚硬，干种子播种发芽慢而不整齐，生产上多催芽播种。催芽时先将种子浸水 10 ~ 12 小时，吸水膨胀后放在 25 ~ 28℃的温箱中催芽，每天取出漂洗一次，经 4 ~ 5 天选已萌芽的种子播种。凉薯一般用直播，行株距 30 厘米 /20 厘米。直播后盖土以掩住种子为宜，不宜厚盖。如果育苗可提前在 2 月下旬用冷床、温床或塑料棚育苗，育苗时必须播在营养钵内，以免损伤主根，影响块根发育。

管理 凉薯的管理工作主要是间苗、补苗、追肥、中耕、支架、引蔓、打杈、摘芯、打花等工作。出苗后如有缺株，立即补播；在苗高 7 厘米至侧藤铺地之前抓紧中耕除草，中耕宜浅，切忌伤根，中耕时可培土 4 ~ 7 厘米，以免肉质根暴露土外，色泽变绿，品质变劣，但也切忌培土过深，块根易呈长形；为了集中养分和及早促使块根肥大，凉薯在 5 ~ 6 节开始抽花序后，除留种子外，一见花序发生，立即摘除，摘 2 ~ 3 次后，蔓生长至 1 米时，即可摘芯，摘芯后，蔓停止生长。

留种 留种应选生长健壮、蔓细、侧蔓少的优良母株，每株留最早开的花序 2 ~ 3 个，每个花序留荚 4 ~ 5 个，将主蔓和侧蔓顶梢全部摘除，使养分集中，供种子生长。成熟的种荚应由绿变黄，种子变硬，果荚摇动有响声时，连同果柄一起采收。

病虫害防治

凉薯茎叶中含杀虫的鱼藤酮，对病虫害抗性极强，很少有病虫害发生。苗期主要防治地老虎，地老虎用苦瓜水防治或人工捕杀。中后期主要防治红蜘蛛和螨类，在发病初期用 25 %多菌灵或 50 %甲基托布津掺水喷雾。

小资料

蔬菜分类施肥方法

俗话说“庄稼一枝花，全靠肥当家”，蔬菜也是如此。由于蔬菜种类繁多，生物学特征不同，对营养要求也不同，因而不同类蔬菜应采取不同的施肥方法。

①蔬菜一般为短期营养作物，一年可复播多茬，对肥的需求量很高，对肥的类型和用量用法也有较高要求。不同种类的蔬菜对肥料的要求不一样。如大白菜、萝卜、南瓜、黄瓜等个体大单产高的蔬菜，需肥量大，用肥时间长，栽培时可以多施底肥。一些速生蔬菜如小白菜、四季萝卜、香菜等，由于生长期短，用肥需要短平快，因此，栽培时应多施速效肥。

②蔬菜对土壤养分的吸收量很大程度上取决于根系发育。一些根系入土深而广，须根多，根毛发达的蔬菜以及根系较大的蔬菜，如冬瓜、胡萝卜、茄子等，能吸收较多的养分，并能在瘠薄的土壤上生长，施肥可以粗放些；而根系发育差，分布浅，吸收养分差的黄瓜、洋葱、莴笋等，必须栽培于肥沃的土壤上，且要精细施肥。

③蔬菜各生育期对土壤营养条件的要求是不同的。幼苗期根系尚不发达，吸收养分数量不太多，但要求很高，应适当施些稀薄速效肥料；营养生长期和结果期，则吸收大量养分，必须供给充足的肥料，通常采取分期追肥，有机肥、无机肥交替使用，氮、磷、钾肥与微肥齐全，施肥与灌溉相结合等措施，以充分发挥肥料的增产作用。

瓜果类

GUAGUOLEI

以果实及种子为产品的蔬菜

豇 豆

中文名：豇豆
别　名：豆角、腰豆、裙带豆、江豆、姜豆、长豆
科　属：豆科豆科属

形态习性

豇豆原产我国，至少在明代以前就开始种植，是一种在全国各地广泛种植的主要蔬菜。颜色有白、绿、青灰、紫、花斑等。豇豆品种很多，据说尼日利亚的“国际热带农业研究所”搜集的豇豆种子就有 6 000 宗左右。

豇豆每 100 克嫩豆荚含水分 85 ~ 89 克，蛋白质 2.9 ~ 3.5 克，碳水化合物 5 ~ 9 克，还含有各种维生素和矿物质等。嫩豆荚肉质肥厚，炒食脆嫩，也可烫后凉拌或腌泡。干种子富含蛋白质、碳水化合物、纤维素、多种氨基酸、维生素和矿物质。干豆粒与米共煮可做主食，也可做豆沙和糕点馅料等。

豇豆是能形成长形豆荚的栽培种，一年生缠绕草本植物。豇豆生性强健，正常情况下植株生长旺盛，有极强的抗热性、抗湿性、耐旱性，高产，抗多种病毒，豆荚直长、均匀、美观、荚色浅白微绿。

图 4-1　豇豆花（摄影爱种花更爱种菜）

图 4-2　豇豆花果（摄影青草记）

目前最常种植的豇豆品种主要有头王特长一号、二号、三号和四号。其他品种有宁豇四号、丰收三号。下面着重介绍头王特长一号。该品种早中熟、耐热、耐寒、抗旱、抗多种病毒，豆荚直长整齐一致，荚浅绿嫩白色，十分美观，荚长80～100厘米，无鼓荚、鼠尾，植株叶片较大，分枝强，荚不易老，色微转白时收荚，可延长1～2天，5月前种植比一般豆角约增产30%，5月后种植可约增产50%。

图4-3 豇豆（摄影青草记）

繁殖养护

整地播种 选用排水好、肥力高、有灌溉条件的地块实行早耕深翻，做到精细整地，以期提高土壤保水、保肥能力。豇豆的根瘤菌不是很发达，加之植株生长初期根瘤菌固氮能力较弱，为了促进前期生长发育，施足底肥是十分重要的。选用未种过豆类的田块为宜，重茬地需用生石灰沤田7～10天后排水做垄，垄面宽约50厘米，高30厘米。在垄面开10厘米深小沟，用腐熟粪水淋沟，晒白后松土。土温稳定在10℃以上时即在小沟两侧播种，每隔20厘米播3～4粒种子以便插架采收，播种后用土杂肥或火烧土覆盖，厚约1.5厘米，淋水。

苗期管理 播种两天后根据垄面干湿情况轻淋水，保证出苗所需水分，经过5～6天当豆秧具两叶一心时，及时间苗补苗，保证每20厘米2株。根据豆秧生长情况适当施肥，尿素、钾

图 4-4　豇豆架（摄影青草记）

肥和水的比例为 1 ： 1 ： 100，施后淋薄水。

抽蔓期管理　豇豆秧有蔓抽出时，要培土施肥，磷肥、尿素 3 ： 1 均匀施于垄两边，用垄沟泥土将肥料及杂草覆盖，注意肥料及泥土不要接触豆茎。有条件可施厩肥，在垄边培土。同时引蔓上架，一般用人字架。秧苗旺长，可采用锥形架，即每隔 40 厘米，用三支竹竿插成等边三角形，离垄面 1.2 米用绳绑成锥，上边架横竹，为便于操作应控制棚架高度在 2 米以内。抹芽打顶是增产的有效措施，第一花序以下侧枝应及时摘除，以保证主蔓粗壮。主蔓第一花序以上各节位的侧枝留 2 ～ 3 片叶后摘心，促进侧枝上形成第一花序。当主蔓长到 2 米高时，剪去顶部，促进下部侧枝花芽形成。控制水分，晴天隔 3 天灌“跑马水”1 次，同时淋湿垄面，下雨天注意排水。

收获期管理　播种约 60 天，植株进入生殖生长，收获期出现，每隔 7 天施薄肥 1 次，施后淋薄水，或者在垄边穴施，复合肥、钾肥、尿素 2 ： 1 ： 1，在垄边隔 35 厘米开小穴施下，每垄施一边，隔 10 天后在另一边用等量肥料施下。穴施前应淋足水分，施后两天内不要在垄面淋水，下雨天不施肥。

及时采收　豇豆是陆续采收的作物，一般在种子膨大以前采收，每隔 2 ～ 3 天收一次。在肥水充足、植株健壮的情况下，豇豆的每个花序坐荚多的可达 4 ～ 6 条，所以采收时应注意不要损伤顶部花芽。对于触地荚应及时进行采收，以免发生霉烂。

病虫害防治

豇豆的病害主要有煤霉病和锈病。煤霉病和锈病的防治：发病初期，及时摘除病叶，减轻病害蔓延，同时尽早喷药。主要药剂有 50%多菌灵 500 倍液，75%百菌清 600 倍液，7 ~ 10 天喷一次，连喷 2 ~ 3 次。

虫害主要有豇豆荚螟和蚜虫。豇豆荚螟防治方法：及时清洁菜园，清除田间落花落荚；摘除被害的卷叶和豆荚，以减少虫源；在豆田架设黑光灯，利用成虫趋光习性，进行诱杀。药剂防治：可用灭杀毙（21%增效氰·马乳油）6 000 倍液喷雾，每隔 10 天喷蕾、花 1 次，效果良好。用辣椒水防治蚜虫，可杜绝传染。

小资料

地膜直播豇豆

具体步骤如下：

①先将地翻好，中间挖一深沟，把沤制好的猪粪均匀地撒到沟里（见图 4-5）。

②再将菜地仔细整平；四周挖一浅沟，用来埋地膜；菜地的两边挖浅穴用来播种（见图 4-6）。

③在穴里一次浇足水，然后撒上豇豆种子，每穴 3 ~ 4 粒，再将地整平。

④最后将地膜平整地摊

图 4-5　（摄影青草记）

在地面，四周放入浅沟里，用土埋上，注意要摊平，紧贴地面（见图 4-7）。

⑤约 1 周后，豇豆苗就会争先恐后地破土而出（见图 4-8、图 4-9）。

图 4-6 （摄影青草记）

图 4-7 （摄影青草记）

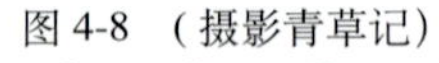

图 4-8 （摄影青草记）

图 4-9 （摄影青草记）

扁豆

中文名：扁豆

别 名：蛾眉豆、膨皮豆、南豆、小刀豆、藤豆

科 属：豆科扁豆属

形态习性

扁豆为一年生缠绕草本。小叶3，顶生小叶菱状广卵形，侧生小叶斜菱状广卵形，长6～10厘米，宽4～10厘米，顶端短尖或渐尖，基部宽楔形或近截形，两面沿叶脉处有白色短柔毛。总状花序腋生，花2～4朵丛生于花序轴的节上，花冠白色或紫红色，子房有绢毛，基部有腺体，花柱近顶端有白色髯毛。荚果扁，镰刀形或半椭圆形，长5～7厘米。种子3～5颗，扁长圆形，白色或紫黑色。花果期7～9月。扁豆有红扁豆和白扁豆两种。

图4-10 白扁豆花（摄影青草记）

图 4-11　白扁豆（摄影青草记）

图 4-12　红扁豆花（摄影青草记）

图 4-13　红扁豆（摄影青草记）

繁殖养护

扁豆是目前公认的无公害蔬菜，也是人们比较喜欢的蔬菜品种，它适应性比较广泛，具有不择地、宜管理等优点，而且具有一定的抗寒性，越接近秋天它的长势越好。

种植　种子适宜发芽温度一般在 22 ～ 23℃，因此要注意温度变化，当温度达到时要适时播种。扁豆有一定的抗旱、抗高温能力，它的植株能抗 35℃高温。扁豆一般都采取直播，行株距 80 厘米/50厘米，家庭种植也可以种在花盆里，每盆种1～3棵。要及时松土、施肥、浇水。

搭架　架式与其他架豆一样，最好采用“人字架”，家庭种植可以利用防盗网作支架。扁豆也可在墙角种植，采取穴播，每穴3～5粒种子。要及时松土、施肥、浇水。

病虫害防治

扁豆病害很少，虫害主要有扁豆卷叶螟。生物防治：田园作物采收后，应及时清除田间枯株落叶，集中起来焚烧，减少虫源基数和越冬幼虫数。在害虫发生初期人工捕杀，查摘豆株上卷叶，集中处理或随手捏杀卷叶内的幼虫。化学防治：在虫害发生期，可用10%高效氯氰菊酯乳油2 500倍液，喷雾防治。每隔7～10天防治1次，连续防治2次。

友情提示

扁豆的正确吃法

扁豆中含有皂素、红细胞凝集素等天然豆荚毒素，对胃肠道有刺激作用。豆荚毒素在扁豆的两端及荚丝中含量较高，要是炒菜前偷懒不肯费点工夫掐尖剥丝，菜中留下的有害物质就比较多。豆荚毒素比较耐热，只有在100℃持续一段时间后，才能将其破坏。若只用沸水焯一下，或用急火煸炒等方法加工，往往不能完全破坏扁豆中的天然毒素。集体食堂炒制扁豆时，锅大、量多，扁豆不易烧熟煮透，食后易造成中毒。进食夹生扁豆后数分钟至4小时会出现腹痛、胃部烧灼感、腹胀、恶心呕吐等。少数重者可有头晕、头痛、四肢麻木、胸闷、心慌等症状。正确的食用方法是择菜时，要将扁豆两端的角多掐掉一些，荚丝要择干净，高温炒熟后再食用。

茄　子

中文名：茄子
别　名：茄瓜、紫瓜、昆仑瓜、矮瓜
科　属：茄科茄属

形态习性

茄子原产于南亚热带地区的印度，一年生草本植物，热带多年生灌木，以幼嫩果实供食用。可炒、煮、煎食，干制和盐渍。每 100 克嫩果含水分 93 ~ 94 克，碳水化合物 3.1 克，蛋白质 2.3 克，还含有少量特殊苦味物质茄碱，有降低胆固醇、增强肝脏生理功能的效用。

茄子可分为三个变种：①圆茄。植株高大、果实大，圆球、扁球或椭圆球形，中国北方栽培较多。②长茄。植株长势中等，

图 4-14　茄子花（摄影爱种花更爱种菜）

图 4-15　平台上的茄子（摄影爱种花更爱种菜）

果实细长棒状，中国南方普遍栽培。③矮茄。植株较矮，果实小，卵形或长卵形。果色以紫红色为主，也有白色、青色和紫黑色。

图 4-16 地里的茄子（摄影青草记）

茄子是喜温性蔬菜作物，最适生长温度为 20 ~ 30 ℃，当温度低于 20 ℃时，果实发育不良，生育缓慢，容易引起落花。5 ℃以下出现冷害。茄子的分枝习性为假二杈分枝，当主茎生长至 5 ~ 14 片叶时，开第一朵花，结第一个果，称“根茄”。茄子的花多为单生，有些品种花梗分支，形成短总状花序，有小花 2 ~ 6 朵。茄子花为两性花，花冠紫色或淡紫色，花丝很短，花药 5 ~ 8 个，狭卵形，着生于雌蕊周围，雌蕊 1 枚，位于花的中央。茄子为自花授粉作物，果实为浆果，从开花到果实成熟约需 20 天。从果实成熟至种子成熟约需 30 天。茄子种子近圆形，种皮光滑，中央隆起，鲜黄色或黄褐色。种子千粒重 4 克左右，常温密闭贮藏条件下，发芽年限一般为 3 ~ 5 年。

图 4-17 观赏金银茄（摄影观赏椒园）

图 4-18　观赏非洲红茄（摄影观赏椒园）

图 4-19　观赏非洲红茄（摄影观赏椒园）

茄子土壤 pH 在 6 ～ 7 之间最好。直根系，根深 50 厘米，横向伸展 120 厘米，多分布在 30 厘米耕作层内。茄子是一种喜高温、高湿和日照的植物。茄子非常吃肥，不但需要氮肥，促进枝叶生长，还要多施用磷肥和钾肥，促进根系生长和开花结果。结果的适宜温度为 25 ～ 30 ℃，只要温度适宜，从春到秋都能开花、结果。

繁殖养护

备苗床土　茄子以露地栽培为主，长江流域多于冬季至早春在苗床播种育苗，北方各省于早春利用温床或阳畦播种育苗。用无污染的大田土壤6份、腐熟优质鸡粪或猪粪2份、腐熟的马粪或稻糠2份，混匀后过筛备用。

浸种催芽　用1%高锰酸钾浸种30分钟，经反复冲洗后，放入55℃水中浸种15分钟，而后在20℃水中浸泡24小时。浸泡后用细沙搓掉种皮上的黏液，然后包在湿布里，放在25～30℃处催芽，出芽一般需5～6天。

播种育苗　在温室内用育苗盘或木箱铺好10厘米苗床土，拍平浇透水。然后将种子均匀播到床面上，上面覆土5毫米。小苗长到4片真叶时，以10厘米/8厘米的行株距移栽幼苗，或者分栽到营养钵中，分苗后浇透水。茄子苗龄多在80天以上，由于苗龄长，后期易脱肥，可采用0.3%磷酸二铵根外追肥。

整地定植　整地施肥，施足腐熟有机肥，有机肥与土混匀耙平，并按45厘米/25厘米的行株距定植。随后浇足定植水。

日常管理　定植后3～4天浇一次缓苗水，缓苗后开始蹲苗；由于茄子的结果期长，除要有充足的基肥外，还要求多次追肥（氮肥为主，适当增施磷、钾肥）。每隔7天施薄肥1次，施后淋薄水。

修剪摘心　当结出“根茄”后，保留主枝以及初花下方的两个侧枝，形成三叉式结构。其他腋芽一长出就要摘除，以后随着植株生长，逐渐打掉底层叶，利于群体通风透光，高处太密的叶子要疏落一些，使得每只茄子都能够得到充足的日照。日照不足的茄子颜色浅淡无光。一般到第7个果摘芯，以促进果实早熟。第一批茄子采收后，还可进行一次剪枝和追肥，促使新的枝叶生长，培育秋茄。

病虫害防治

茄子黄萎病药剂防治方法：茄苗定植时用1菌根消1 000倍液浸苗根部，定植后用此药液灌根，每株灌药液250毫升。70%敌克松可湿性粉剂500倍液，每株500毫升，每10 ~ 15天一次，连灌2 ~ 3次。

茄子的主要害虫有：蚜虫、红蜘蛛和蛴螬。发现蚜虫和红蜘蛛用辣椒水防治。蛴螬是金龟子幼虫的通称，用50%辛硫磷乳油1 000倍液，或30%敌百虫乳油500倍液灌根，每株灌150 ~ 250克，可杀死根际附近的幼虫。

小知识

茄子剪叶技术

剪叶是种好茄子、力争高产的一项技术。剪叶要五看。一看品种剪叶，对分枝能力强、枝叶繁茂的茄子品种，可多剪叶；对分枝能力差、枝叶稀少的茄子品种，应少剪或不剪叶。二看苗势剪叶，密度过大、生长繁茂的植株可多剪叶，以保持叶片稀疏均匀；栽培较稀、通风透光良好的植株可少剪或不剪叶。三看叶片剪叶，在进行茄子剪叶时要做到，只剪下部菀边叶，保留中上部叶；剪去病虫为害叶，保留生长正常叶；剪去枯黄烂叶，保留健壮绿叶。四看天气剪叶，天气干旱少雨时少剪或不剪叶；多雨地区与多雨季节应多剪叶。五看肥力剪叶，土壤肥沃或施肥量大的应多剪叶；土壤瘠薄或施肥量不足的应少剪叶。

辣 椒

中文名：辣椒
别 名：辣子、牛角椒、海椒、番椒、大椒、秦椒
科 属：茄科辣椒属

形态习性

辣椒原产中南美洲热带地区，经海上丝绸之路传入中国，世界各地普遍栽培，中国各地广泛栽培，有句俗话叫："湖南人怕不辣，贵州人不怕辣，四川人辣不怕"。辣椒已成为一种大众化的蔬菜。辣椒从成熟程度可分为青辣椒和红辣椒，新鲜的青、红辣椒可做主菜食用，红辣椒经过加工可以制成干辣椒、辣椒酱等，主要用于菜肴调味。辣椒的果实因果皮含有辣椒素而有辣味，能增进食欲。辣椒中维生素 C 的含量在蔬菜中居第一位。

图 4-20 育苗钵中的小辣椒（摄影赵晶）

辣椒为一年生草本植物，株高 40 ～ 75 厘米。单叶，互生，卵形、矩圆状卵形至卵状披针形，长 3 ～ 10 厘米，宽 1.5 ～ 3.5 厘米，前端渐尖，基部渐狭，全缘，叶柄长 4 ～ 7 厘米。花单生于叶腋，白色或者紫色，花萼钟形。浆果下垂，长圆锥形，前端常弯曲，内部有空腔，因栽培品种不同，变异很大，有灯笼形或球形等。果实未成熟时绿色，成熟后变成鲜红色、黄色或紫色，以红色最为常见。

图 4-21　地膜种植的辣椒（摄影赵晶）

图 4-22　辣椒（摄影赵晶）

图 4-23　红绿辣椒（摄影赵晶）

图 4-24　朝天椒（摄影赵晶）

繁殖养护

育苗　一般在4月下旬至5月上旬进行，地温须稳定在15℃以上。播种前最好用温水浸种催芽，待露出白色芽尖时播种。撒播时先灌足水，待水渗入土层即可播种，播后盖一层细砂土，以不露种芽为宜，盖膜封严。待幼苗长到3片真叶时，根据天气情况揭膜、通风、炼苗，但要防止强光照射烧苗。及时间苗，另外，苗期要用抗枯宁、百菌清或硫酸铜，加入0.5%的磷酸二氢钾，均匀喷雾2～3次，可增强植株抗早期落叶病的能力。

移栽　当幼苗长至5片真叶时，即可移栽，行株距30厘米/20厘米。所用的土质应多含农家肥，要求疏松、利水，移栽前须下足基肥，以施人畜粪为主，磷肥、尿素或碳铵少量。也可选用15～30厘米的花盆，花盆宜选用浅色或用竹制筐作套盆，以突出辣椒果实富有光泽的美，每盆种1～3棵为宜，各种辣椒均适合在家庭养植，极具观赏性。

管理　移栽后注意浇水保湿，一般晴天每天一次即可，切忌根部渍水，否则会烂根；浆果发育和成熟期，应保持盆土湿润，不然果色干黄无光泽。长至20厘米高时摘心，以增加分枝；追肥不宜过多，始花期施尿素，9月份再施一次钾肥，以免枝叶徒长；结合除草松土进行培土，不可深锄伤根；为使花多果盛，确保10月份不早衰，开花期浇水不宜过多过勤，以免落花。

病虫害防治

辣椒的病害主要有猝倒病和病毒病。猝倒病以化学防治为主：①床土消毒：用50%多菌灵可湿性粉剂或4%拌种灵，每平方米用药8～10克拌土。②出苗后用75%可湿性粉剂500倍液喷治。③加强苗期管理，保持适宜湿度，用0.1%～0.2%磷酸二氢钾喷苗，提高抗病力。病毒病发病初期喷病毒灵或病毒A。

虫害是烟青虫，需及时摘除被蛀食的果实，并用90%晶体敌百虫800倍液或25%氰氰菊酯4 000倍液喷雾。

小知识

辣椒剪枝技术

家庭盆栽辣椒只有果实满枝才具有更高的观赏性，为达此目的，行之有效的增产措施就是对辣椒植株实施修剪，辣椒合理剪枝可增产 15%～20%。

剪枝时间。以在夏季高温期间为宜，一般在 7 月下旬至 8 月上中旬进行。此时第一茬果实已采摘完，植株在昼夜温差不大的情况下处于歇枝阶段，这时剪枝增产效果最好。

剪枝部位。合理的剪枝部位应在 4 个大枝上。每株辣椒一般有 4 个大枝，当进入高温季节后，4 个大枝扩生出 8 个侧枝，这时枝繁叶茂影响通风透气，不仅导致果小，而且易掉果烂果，还会诱发各种病害。如及时剪掉 8 个侧枝，就可使肥力集中于 4 个大枝，并且改善植株通风条件，减轻病害，从而可使辣椒多结果，结大果。

剪枝方法。要用比较锋利的修枝剪刀剪枝，剪口要光滑清洁，以防枝株受损和招致病虫害。切忌用手直接折枝，以免造成植株损伤。剪枝时，顺手剪去病虫枝、下垂枝、折断枝。

剪后管理。辣椒剪枝后，要追施尿素和复合肥，促进生长和结果。如遇干旱，还应结合追施尿素及时浇水，防止干旱，并促进肥效发挥。也可喷施叶面肥，7 天左右 1 次，连喷 2～3 次，用尿素、磷酸二氢钾加水稀释后均匀喷施。喷施选择在阴天或晴天的傍晚进行。剪枝后还要及时清除杂草和防治病虫害。

五彩椒

中文名：五彩椒
别　名：五彩辣椒、五色椒、朝天椒
科　属：茄科辣椒属

五彩椒系辣椒中的珍品，也是一种优良的盆栽观果花卉。同株果实往往有绿、黄、白、紫、红多色，鲜艳夺目，具有光泽，点缀于绿叶之中玲珑可爱。它集食用、药用、观赏于一体，辣味素含量是普通辣椒的10倍，辣味浓郁，具有增进血液循环、促进胃液分泌、帮助消化之功效，是理想的健胃食品。

形态习性

五彩椒为辣椒变种，茄科多年生半木质植物，常作一年生栽培。株高50厘米左右，每株产果可达250个。五彩椒根系不太发达，茎直立，老茎木质化。分枝能力强，分枝习性为双杈状或三杈状分枝。单叶互生，卵状披针或矩圆形，全缘，有叶柄。花小，单生或数朵簇生于枝端，有梗。花冠辐射状5裂，花色有白、绿、浅紫和紫色。花期6～9月。浆果，直立或稍倾向上。果形因品种而异，有长指形、樱桃形、角锥形、羊角形、风铃形等。果色有黄、红、橙、紫、白和绿色等。观果期8～11月份。

图4-25　变化中的五彩椒（摄影青草记）

图4-26　变化中的五彩椒（摄影青草记）

五彩椒喜阳光充足，温暖湿润的环境，每日应给予4小时以上的直射阳光，室内应放置于南窗前。不耐寒冷和干旱，对土壤要求不严，但以肥沃、排灌良好的砂质壤土栽培为好。五彩椒性喜阳光，如果光线太暗，植株将不会开花。如冬季室内温度适宜，保持充足的阳光，养护得当，可继续开花结果，盆栽的植株观果期往往可延长到新年。地栽、盆栽均可，是花坛配置和布置阳台、窗台、客厅、书房的极佳观赏植物。

图 4-27　变化中的五彩椒（摄影青草记）

图 4-28　变化中的五彩椒（摄影青草记）

图 4-29　变化中的五彩椒（摄影青草记）

图 4-30　花盆中的五彩椒（摄影青草记）

繁殖养护

播种　五色椒用播种繁殖。一般在春季 4 月初到 5 月初播种，播种与辣椒播种条件基本相同。

定植　待苗长到 5 厘米高时移栽一次，苗高 10 厘米时定植或上盆，恢复后摘心，20 厘米时重复摘心一次。

管理　浇水一般晴天每天一次即可，切忌根部渍水，否则会烂根。开花期浇水不宜过多过勤，以免落花。果实发育和成熟期，应保持盆土湿润，否则果实会干黄无光泽。追肥不宜过多，以免枝叶徒长。为使花多果盛，开花前追施 1 ～ 2 次骨粉等含磷的液肥。一般每月施薄肥 3 次，肥水比为 3 ： 7，前期以氮肥为主，后期施磷钾肥为主。

收获　自播种至果熟约 120 天，观果约 40 天。五彩椒果实一般于 7 月份开始陆续成熟，应及时采收，以利增产，采摘后会二次挂果。剪下的成熟椒可直接食用，也可串挂在屋檐或通风干燥处晾晒成干椒，以备食用或观赏。

病虫害防治

主要病害有病毒病、炭疽病和疫病等，主要虫害有蚜虫、螨类等。病毒病发病初期喷病毒灵或病毒 A。炭疽病可用 75% 百菌清可湿性粉剂 600 倍液防治。疫病可选用浓度为 200 毫克 / 升的农用链霉素防治。蚜虫初发期可选用 200 ～ 300 倍液抗毒剂 1 号，每 10 天喷 1 次，连喷 2 ～ 3 次。

小知识

观赏椒的分类

①樱桃类辣椒，如扣子椒、珍珠椒等。叶中等大小，圆形、卵圆或椭圆形，果小如樱桃，圆形或扁圆形，红、黄或微紫色，辣味甚强，可制干辣椒或供观赏。

②圆锥类辣椒，如鸡心椒、五彩椒等。植株矮，果实为圆锥形或圆筒形，多向上生长，辣味强。

③簇生类辣椒，如七星椒、朝天椒等。叶狭长，果实簇

生，向上生长，果色深红，果肉薄，辣味甚强，油分高，多作干辣椒栽培，晚熟，耐热，抗病毒力强。

④长椒类辣椒，如牛角椒和大角椒。株型高大，分枝性强，叶片较小或中等，果实一般下垂，为长角形，前端尖，微弯曲，似牛角、羊角、线形。大角椒果肉薄、辛辣味浓，供干制、腌渍或制辣椒酱，牛角椒肉厚，辛辣味适中，供鲜食。

⑤甜柿类辣椒，分枝性较弱，叶片和果实均较大较厚。

根据辣椒的生长分枝和结果习性，也可分为无限生长类型、有限生长类型和部分有限生长类型。

图 4-31　南瓜椒（摄影青草记）

图 4-32　白玉椒（摄影青草记）

图 4-33　七姐妹椒（摄影青草记）

图 4-34　观赏椒欣赏（摄影观赏椒园）

◎ 新品介绍　观赏椒的育苗（作者：新浪博客　观赏椒园）

①育苗的温度与季节

“有苗不愁长”这句话说明“苗”在种养中的重要性，观赏椒的种养关键在育苗。观赏椒育苗对温度的要求较高，椒种发芽适宜温度为 24 ～ 26℃。当温度降到 19 ～ 20℃时，有些观赏椒种子虽能良好发芽，但比较缓慢，低于 15℃以下时几乎不发芽。从育苗时间来说，观赏椒一般有“春苗”和“秋苗”两种。“春苗”是在每年的 2 ～ 3 月中旬播种；而“秋苗”一般在 7 月下旬至 8 月上旬播种育苗。绝大多数观赏椒种养者在春天育苗。

实践证明，北方育苗较佳时机在 3 月上、中旬。原因是观赏椒属喜温、喜光植物，2 月中旬北方光照时间还短，仍在供暖期，室内干燥、湿度较低，出苗较早不利幼苗生长，管理麻烦。3 月上、中旬开始育苗，利用供暖期的温度促使椒种发芽，十多天幼苗出土时刚好停止供暖，湿度提高，光照增多，幼苗就在自然环境中生

图 4-35　观赏椒欣赏（摄影青草记）

图 4-36　珍珠椒欣赏（摄影观赏椒园）

长，减少幼苗的适应期，便于管理。

②干播、湿播与浸种

观赏椒育苗的播种方法有两种："干播"和"湿播"。"干播"就是整理好苗床的基质后，直接将干椒种播撒在基质上，覆盖 0.5 ~ 0.8 厘米的土轻轻压实，然后喷水浇透或将苗床浸透。浇水时应缓水慢浇，以免冲出椒种。"湿播"就是整理好苗床的基质后，先喷水或浇水将育苗用的基质浇透，播撒干椒种后再覆盖。观赏椒"干播"与"湿播"的出苗时间基本相同，只是操作程序先后不同而已。

椒种出苗时间的长短主要取决于观赏椒种的质量、椒种皮的厚度和苗床的温度，苗床的温度越高，出苗时间越早。春季室温在 19 ~ 21℃时，育苗一般在 10 ~ 13 天可陆续出苗。要想缩短出苗时间，播种前可用 40 ~ 45℃的温水浸种，并不停地搅拌。待水温变凉后，捞起用干净的湿布包好，置于 24 ~ 26℃的温度中催芽，1 ~ 2 天后椒种露白再播种。笔者补苗时用浸种法育苗，优点是 1 周左右可出苗，时间短、出苗率较高。缺点是比较麻烦，特别是要育十几个品种的椒苗时，不同品种容易混淆，操作不便。

③巧法育苗与间苗

城市生活，空间狭小；家庭育苗，欲多要巧。为在有限空间内育出更多的观赏椒苗，采用在小纸杯内“优剩劣汰”的方法“干播”育苗。具体方法是：把多个一次性小纸杯，放在一个容器内，组成一个苗床，每个纸杯内只育一个品种的椒苗，播9粒椒种。视需要得到椒苗的数量，分别按“三角形”或“圆圈型”进行干播育苗。

当有的品种一盆内需种植3棵观赏椒才能突显造型效果时，按“三角形”播种育苗。“三角形”播种法是在纸杯内按“三角形”的每一个角播3粒椒种，3个角共播9粒椒种。待椒苗长出2～4片真叶时，“优剩劣汰”进行第一次“间苗”，每一个角淘汰一株小苗；再待椒苗长到4～6片真叶时，进行第二次“间苗”，每一个角再淘汰一株小苗。这样通过两次“优剩劣汰”，每一个角“剩下”一株健壮椒苗，在纸杯内呈等腰三角形，便于带土移栽。一个直径5厘米的小纸杯便可育出3株健壮椒苗，定植时，刚好一杯椒苗定植于一个花盆内，比较方便。

当某品种盆内适宜种一棵或两棵才能呈现观赏椒最佳效果时，则按“圆圈型”播种育苗。“圆圈型”播种法是把9粒椒种等距离地播出一个“圆圈型”，出苗后按需求留足“剩苗”，其他都作劣苗分步间掉（间苗法同上）。两者区别在于后者“间苗”比较随意，能真正地“优剩劣汰”，但留健壮椒苗较少。

适时地间苗可减少劣苗与健苗争夺营养，同时也可增加健壮苗

图4-37　育苗（摄影观赏椒园）

图4-38　间苗（摄影观赏椒园）

间的通风透光度，有利健壮苗生长。间苗的具体时间不能一概而论，应以两棵椒苗间叶片不过多互相重叠为宜。待椒苗长出 4 ~ 6 片真叶，株高 6 ~ 8 厘米时，便可分栽和定植。

④纸杯育苗的要点

一是育苗用的纸杯底部要戳几个小洞，以免纸杯积水，出苗后造成幼苗烂根。二是育苗用的基质（用土）要细，以利出苗。最好用混合腐熟的基质，既利水、通气，又能保持一定的湿度，便于种子发芽。三是要施足够椒苗生长发育的肥料。

纸杯育苗的优点：一是纸杯能保温，比直接在盆内育苗长得快；二是能充分利用空间多育苗；三是便于间苗和移栽。缺点：因椒种、椒苗较小不便区分。播种时每一纸杯只育一种椒苗，必须作好文字记录和苗床上的标记，以免混淆。

番 茄

中文名：番茄
别　名：西红柿、洋柿子
　　　　古名六月柿、喜报三元
科　属：茄科茄属

形态习性

番茄原产于秘鲁，是一种以成熟多汁浆果为产品的草本植物。果实营养丰富，具特殊风味。每 100 克鲜果含水分 94 克左右、碳水化合物 2.5 ~ 3.8 克、蛋白质 0.6 ~ 1.2 克、维生素 C 20 ~ 30 毫克以及胡萝卜素、矿物盐、有机酸等。可以生食、煮食、加工制成番茄酱、汁或整果罐藏。番茄是全世界栽培最为普遍的果菜之一。中国各地普遍大面积温室、塑料大棚及其他保护地设施栽培。番茄是一种喜高温和日照的植物。每天日照至少要 8 小时。不需要太多的氮肥，却需要多施一些磷、钾肥，以促进根系生长和开花结果。成熟时根深可达 2 ~ 3 米，比较耐旱。但在开花结果的时候，需要充足的水。下面重点介绍适合家庭种植的樱桃番茄。

图 4-39　番茄大棚育苗（摄影赵晶）

图 4-40　番茄大棚育苗（摄影赵晶）

樱桃番茄又名迷你番茄、袖珍番茄，是普通番茄的一个变种，食其浆果。樱桃番茄果实形状有球形、枣形、洋梨形等，具有较高的观赏价值。果色丰富多彩，有红、粉红、黄、橙红等色，果实可生吃、煮食，还可加工成番茄酱、番茄汁和番茄罐头。樱桃番茄与传统的大型鲜食番茄相比，风味、品质、外观都超过传统品种。

图 4-41　番茄青果实（摄影赵晶）

图 4-42　番茄红果实（摄影赵晶）

樱桃番茄植株有自封顶的矮性和无限生长的半蔓性品种。小叶较多，长势强，花序为总状或复总状花序。果实小，心室为 2 ～ 3 室的多汁浆果，对气温的要求较一般番茄耐热，生长适温为 24 ～ 31℃，在 35 ～ 36℃下仍能正常开花结果。喜光，光照不足落花落果严重；较耐干旱，对水分要求前期少，后期多，但结果盛期耗水量和耗肥量都较大，对土壤的适应性强，选排水良好、土层深厚、肥沃的土壤种植可获高产。主要品种有圣女、玲球、樱桃红、铃太郎等。

图 4-43 樱桃番茄花
（摄影爱种花更爱种菜）

图 4-44 樱桃番茄青果
（摄影爱种花更爱种菜）

图 4-45 樱桃番茄红果
（摄影爱种花更爱种菜）

繁殖养护

育苗 一般在 4 月下旬至 5 月上旬进行，地温须稳定在 15℃以上。气温 27℃左右发芽，当第一片真叶长出，还没有长到像子叶那么大时，就要移到育苗钵，促进花芽分化。

定植 要在定植前 15 天左右选择土层深厚、排水方便、地力肥沃的土壤整地施肥。施用腐熟、细碎的优质有机肥。一般选取晴天上午进行定植，以第一花序带蕾的苗定植为最好，栽苗的深度以不埋过真叶为准，适当深栽可促进不定根发生。行株距 45 厘米 /30 厘米，定植后要及时浇水。

管理 浇水。樱桃番茄要注意水分的管理，定植成活后，灌水不宜过多，以保持畦土湿润稍干为宜。防止忽干忽湿，以减少裂果及顶腐病的发生。采收期减少浇水，以防裂果。以小水勤浇为宜，结果期维持土壤最大持水量的 60%～80%，当新生叶尖清晨有水珠时，表明水分充足，幼叶清晨浓绿可考虑浇水。

施肥。追肥要在第一次果穗开始膨大时追第一次肥，活性有机肥或氮磷钾三元复合肥皆可。以后每隔 15 天左右追肥一次，施肥量与第一次相同，均匀不断地供给植株充足的各种营养。生长期间每隔 7 ～ 10 天叶面喷肥一次，生育期可选用磷酸二氢钾 300 倍液喷施 5 ～ 8 次。

整枝。有限生长的品种，尽量促其长势，一直在上部留 2 个强侧枝，使其向上生长，注意叶数和果数的平衡，如生长过弱，可摘除部分花蕾，无限生长型的不以早熟为目标，可双秆整枝。

摘叶。为达到提高品质、增强光照、促进通气、防止病害的目的，可摘除采收完毕果穗以下的老叶。

促进坐果。采用人工振荡辅助授粉的措施能提高结实率，在晴天的上午 8 ～ 11 时，用竹竿或木棍轻轻敲打吊绳来促进授粉，如遇阴天可推迟到 10 ～ 13 时。还可采用喷防落素防止落花落果。

病虫害防治

常见的病害有早疫病、晚疫病、病毒病、灰霉病等。防治方法：与非茄科作物实行 3 ～ 4 年轮作。发病初期用 70%代森锰锌 500 倍液、75％百菌清 600 倍液，每 7 ～ 10 天喷药 1 次，连喷 4 ～ 5 次。虫害主要是蚜虫，可用辣椒水防治。

黄　瓜

中文名：黄瓜
别　名：胡瓜、刺瓜、青瓜
科　属：葫芦科甜瓜属

形态习性

黄瓜为一年生攀缘性草本植物。幼果具刺脆嫩，每 100 克鲜果含水分 94 ~ 97 克、碳水化合物 1.6 ~ 4.1 克，蛋白质 0.4 ~ 1.2 克，钙 12 ~ 31 毫克，磷 16 ~ 58 毫克，铁 0.1 ~ 1.5 毫克，维生素 C 4 ~ 5 毫克。适生食、熟食或腌渍，是主要蔬菜之一。分布世界各地。中国普遍栽培。

黄瓜根系分布浅，再生能力较弱。茎蔓性，长可达 3 米以上，有分枝。叶掌状，大而薄，叶缘有细锯齿。花通常为单性，雌雄同株。瓠果，长数厘米至 70 厘米以上。嫩果颜色由乳白至深绿。

图 4-46　黄瓜花（摄影青草记）

图 4-47　黄瓜（摄影爱种花更爱种菜）

果面光滑或具白、褐或黑色的瘤刺。有的果实有来自葫芦素的苦味。种子扁平，长椭圆形，种皮浅黄色。

黄瓜易种、产量高，属日照中性植物，光照长短都能开花结果。要求生长适温 10 ～ 32℃，其中生长最适温度为 18 ～ 25℃，喜温怕旱又怕涝，苗期土壤湿度以 60%～ 70%为最宜，根群主要分布在根际半径约 30 厘米的地方，其中表土下 5 厘米较为密集，由于黄瓜根浅，叶面积大，所以不抗旱。黄瓜适于各种土质生长，尤喜欢中性偏酸土壤，但黏土发根不良，沙壤土则发根较旺，易老化。

图 4-48　黄瓜（摄影爱种花更爱种菜）

图 4-49　黄瓜（摄影爱种花更爱种菜）

繁殖养护

整地　根据黄瓜生长要求，坚持轮作，宜选择水源充足、排灌方便、阳光充足的沙壤土作瓜田。并选择粗生、耐肥、抗病虫、高产品种。种植前一周翻犁田块，并撒施猪牛粪、草木灰，或者在畦面正中处开沟再施底肥，一般以施花生麸、鸡粪肥等已腐熟的有机肥为主。

播种　先用 50℃温水浸种 10 分钟，然后洗净，用常温水浸种 4 个小时，再用纱布包好放于室内催芽，2 ～ 3 天出芽后播种，播种时在畦面距施肥沟 10 厘米处开浅沟点播，每穴下种 2 粒，穴距 25 厘米，播后薄土盖种并浇水。

管理　保持土壤湿润，勤浇水，苗期以保持土壤含水量 60%～70%为宜，成株后保持 80%～ 90%含水量。3 ～ 4 叶期每穴选留一株壮苗后，可施稀薄腐熟尿粪水，促其早生快发；5 ～ 6 叶期结合中耕培土重施复合肥一次；收获 3 ～ 4 次后，每星期追肥一次。

黄瓜进入盛瓜期后一般每隔 3 ～ 4 天浇一次水。采取小水勤浇，避免大水漫灌。这样既可做到不旱、不涝、病虫害少，又能经常降温，改善田间小气候。若遇大雨天气，注意排水。每次大雨后，结合锄草浅耕一次。9 月下旬进入盛瓜期后，不再中耕除草。

苗长 20 ～ 25 厘米时用竹、木斜插在畦上成“人”字形，搭架引蔓，苗长 30 厘米时绑蔓上架，以后每隔 3 ～ 4 片叶绑一道蔓，使瓜苗充分伸展，以便充分利用阳光。

黄瓜一般开花后 15 天左右可成熟。收获过迟会影响小瓜长大，过早则嫩，产量不高，最好做到天天摘瓜或隔天摘瓜。

病虫害防治

黄瓜主要病害有霜霉病、炭疽病、黑星病、白粉病、蔓枯病等。要以防为主，真叶长出后，每 7 ～ 10 天应定期用百菌清、胶体硫或雷多米尔轮流喷施。虫害主要有蚜虫、粉虱、茶黄螨及菜青虫等，可用高效灭百可进行防治。

花友秘籍

如何预防苦黄瓜

我们在栽培黄瓜时，有时会出现一些黄瓜带苦味。这是由一种叫苦味素的物质引起的，它能使人出现呕吐、腹泻、痉挛等中毒症状。该物质以黄瓜瓜柄基部含量最高，并且可以遗传。在低温、高温、光照不足、氮素过多或不足、土壤缺水等情况下苦味都会增加。为有效预防，要抓好以下技术环节。

①合理留种

如果是有苦味的黄瓜留种，则下一代的果实仍会有苦味。所以，在黄瓜将要成熟时，取表皮层部分品尝，选择无苦味的黄瓜留种。此外，叶色深绿的黄瓜品种苦味素含量较高，要避免选择叶色深绿的品种，应选叶色浅淡的品种留种。

②合理施肥

在幼苗期应控制氮肥施用量，避免植株徒长，以后适当增加氮肥的用量，到开花结果盛期，加强氮肥供应。肥料多选用腐熟的有机肥料，少用氮素化肥。施肥要少量多次，浓度宜淡不宜浓。氮肥过多或磷、钾肥过少时最易产生苦味。

③适时栽培

当气温长期低于13℃时，黄瓜根系发育不良，对肥水的吸收能力减弱，根系苦味素增多，易产生苦味瓜。当气温长期高于30℃时，养分消耗多积累少，也易导致果实中苦味素的积淀。因此，定植不宜过早，要进行地膜覆盖栽培，地温在13℃以上才能定植。

④合理灌水

黄瓜根系入土浅，不能吸收深层水分；同时黄瓜叶大且薄、蒸腾量大，故要求空气湿度大。在气温较高、土壤水分较少的情况下，易使植株发生生理干旱，产生苦味瓜。因此，在高温天气通过合理灌水来调节湿度，保持土壤中有足够的水分，并做到少量多次，浇水宜在晴天早晨进行。

花友秘籍

如何预防黄瓜畸形

黄瓜一般是上下比较均匀的圆棒形，但生产中常常出现尖嘴、大肚、细腰、弯瓜等畸形瓜，不仅影响产量，而且严重降低产品质量。现将其形成原因及防止方法总结如下：

畸形瓜种类不同，形成的原因也不一样。

一般来说，黄瓜生育期间光照不足，夜间温度高，昼夜温差小，灌水忽多忽少，易出现细腰瓜；

植株生长过旺，使瓜和秧生长失调或瓜秧生病，多产生弯瓜；

黄瓜生育期间营养不足，植株生长势弱或受蚜虫、霜霉病等病虫的严重为害，易长成尖嘴瓜；

黄瓜生育期间温度高、水分大、植株生长较旺盛，瓜条生长较快，或在黄瓜开花期低温、连阴雨天气、地温低等原因，造成授粉不良，授粉的先端先膨大，营养不足，或水分不足，胚珠发育不均，瓜顶端种子形成多，瓜长得粗，而瓜的中下部种子少或无子，瓜长得细，成为大肚瓜。

畸形瓜根据其形成原因，应采取相应措施。黄瓜在结瓜期，不能认为黄瓜喜肥水，就大量追肥、灌水，造成“跑秧”，更不能忽干忽涝。以春黄瓜为例，追肥最好是稀粪水，每两次追肥之间灌一次清水。应采用配方施肥技术，或喷洒磷酸二氢钾，氮、磷、钾比例为 5 ： 2 ： 6。在黄瓜育苗期要给以适宜温度，昼夜温差要求大一些时，夜时温度不要低于 10 ~ 12℃，以免形成畸形子房长成畸形瓜。黄瓜结瓜期昼夜温差也需要大一些，结瓜期白天温度最好不要超过 30℃，要加强通风管理，保证正常授粉，使瓜条粗细生长匀称。

丝 瓜

中文名：丝瓜
别　名：天丝瓜、天罗、天络、布瓜
科　属：葫芦科丝瓜属

形态习性

丝瓜原产于南洋，明代引种到我国，成为人们常吃的蔬菜。丝瓜是一年生攀缘性草本植物，耐热耐湿，抗逆性强，是我国主要的夏季栽培蔬菜之一。食用嫩果，每 100 克嫩果含水 93 ~ 95 克、蛋白质 0.8 ~ 1.6 克、碳水化合物 2.9 ~ 4.5 克，还含有矿物质等。成熟果实纤维发达，可入药，称“丝瓜络”。中国传统医学认为丝瓜络有调节月经、去湿治痢等药效。还可用作洗涤用具。茎液可作化妆品原料。丝瓜是夏秋两季的主要蔬菜品种之一，夏秋采摘，刮去粗皮，洗净鲜用。较耐热、耐雨水。全国广泛栽培。传统的丝瓜往往零星种植在庭院、地头或与矮秆蔬菜间作，也可种在花盆里，利用防盗网种植。

丝瓜根系强大，茎蔓性，五棱、绿色光滑或棱上有粗毛，主蔓和侧蔓生长繁茂，茎节具分枝卷须，易生不定根。单叶互生，有长柄，叶片掌状心形或心脏形，被茸毛，长 8 ~ 30 厘米，宽稍大于长，边缘有波状浅齿，两面均光滑无毛。雌雄异花同株，花冠黄色。雄花为总状花序，花轴 20 厘

图 4-50　雌丝瓜花（摄影青草记）

图 4-51 庭院中的丝瓜（摄影青草记）

米左右，每花序有花 10 余朵，多者达 30 朵。雌花单生，花柄稍短，子房下位，第一雌花发生后，多数茎节能发生雌花。丝瓜授粉后，果实发育迅速，8 ～ 12 天即可采食，40 天左右果实达生理成熟。瓠果长圆柱形或长棒形，下垂，一般长 20 ～ 60 厘米，最长可达 1 米余。普通丝瓜果实从短圆柱形至长棒状，嫩瓜有密毛，无棱，皮光滑或具细皱纹；种子扁平而光滑，有翅状边缘，黑色或白色。有棱丝瓜果实多为长棒状，有棱角；种子短圆形，稍厚，无明显边缘。多为黑色。

图 4-52 成熟的丝瓜（摄影爱种花更爱种菜）

图 4-53 架子上的丝瓜（摄影青草记）

繁殖养护

整地施肥 宜选择前作非瓜类的土壤种植，深沟高畦，根据土壤肥瘦情况，适量施用一些基肥或不施，以免苗期长势过旺，延迟结瓜。在施用基肥时，应以有机肥为主。

播种定植 可直播或育苗移栽，采用育苗移栽，要待幼苗长至 2 ～ 3 片叶于清晨移植，单行双株植，株距 30 ～ 40 厘米。

田间管理 当蔓长达 50 厘米左右时，开始搭人字架，丝瓜生长旺盛，常出现徒长，在上架前要压蔓和窝藤，让瓜蔓盘曲在畦面上，并培土压蔓，同时在植株发生雌花后开始引蔓上架，使其均匀分布，引蔓后要把下面多余的侧蔓摘除，以利于通风透光，中后期一般不进行摘蔓。丝瓜的幼瓜有时会被篱竹、叶、蔓、卷须等阻碍，应及时理瓜，让其自然下垂，同时清除畸形果、残叶、病叶。

丝瓜在雌花出现前，应适当控制肥水，以防徒长。待第一朵雌花出现后要施重肥，此时，营养生长与生殖生长并存，正是养分需求的高峰期，可用花生麸、复合肥开沟施于畦两边。盛收期可用鸡粪重施于畦两边，以后每采收 1 ～ 2 次，追肥一次。还可根外喷施磷酸二氢钾、绿风 95 等营养液来提高结果率。在炎热的夏季，要早、晚浇水，水分不足，丝瓜易纤维化，品质下降。一般在花后 8 ～ 12 天瓜成熟时采收，此时瓜身饱满，果柄光滑，瓜身稍重，手握瓜尾部摇动有震动感。

病虫害防治

丝瓜病害主要有霜霉病，虫害主要有潜叶蝇等。霜霉病可用瑞毒霉 500 倍、克露 500 倍或百菌清 600 倍液防治。潜叶蝇防治方法：播种前翻耕土壤。生长季节结合田间管理清除杂草，摘除病株基部的老叶，烧毁或深埋以杀死虫蛹。植株叶片初见有幼虫时，用 10%吡虫啉 1 500 ～ 2 000 倍液，10 ～ 15 天喷 1 次，连续防治 2 ～ 3 次。

苦　瓜

中文名：苦瓜
别　名：凉瓜
科　属：葫芦科苦瓜属

形态习性

苦瓜原产亚洲热带地区，我国以华南栽培较多。是一年生攀缘草本植物。幼嫩果实可供食用，因味苦得名。苦瓜根系发达，茎蔓性，易生侧蔓，具卷须。叶掌状深裂，光滑无毛。花单性，雌雄同株，单生，花冠黄色。浆果纺锤形、短圆锥形或长圆锥形，表面有光泽，并布满条状和瘤状突起。因果肉含一种糖苷而具苦味。一般果实色浓的品种苦味较重。每果含种子 20 ～ 30 粒。种子盾形，黄褐色，种皮较厚，表面有刻纹。

苦瓜不宜与瓜类作物连作。耐肥不耐瘠，忌水渍，应选择排水良好、土层深厚的沙壤土或黏壤土栽培。是一种喜高温、高湿和日照的植物，需水量非常大，非常吃肥，需多施肥浇水。苦瓜不同发育阶段对温度的要求不一样，种子发芽适温为 30 ～ 35℃；幼苗生长适温为 20 ～ 25℃，15℃以下生长缓慢，10℃以下生长不

图 4-54　苦瓜雌花（摄影青草记）

图 4-55　白苦瓜（摄影爱种花更爱种菜）

良；开花结果适温为 20 ～ 30℃。苦瓜对光照长短要求不严，但苗期光照不足会降低抗寒力和抗病力，茎叶易徒长。开花结果期，充足的光照有利于茎叶的生长和坐果率的提高，果实发育也快。

图 4-56　绿苦瓜（摄影爱种花更爱种菜）

图 4-57　苦瓜种（摄影爱种花更爱种菜）

繁殖养护

播种定植　苦瓜播种时间北方在 3 月下旬至 4 月上旬于温室或大棚播种育苗，5 月初定植；长江流域 3 月中下旬播种，4 月中旬定植；华南地区春季栽培 1 ～ 3 月直播。苦瓜种子种壳厚，表皮有蜡质，吸水较慢，因此需要催芽。具体做法是：用 50 ～ 60℃温水浸种 10 ～ 15 分钟，边浸边搅拌，待水温降至室温后再继续浸 10 ～ 12 小时；然后置于 25 ～ 30℃下催芽，约 48 小时后，即可发芽。在种子尚未发芽之前，必须每天用清水擦洗一次，以除去种子表面黏液，防止种子发霉腐烂，促进种子早发芽。种子发芽后，播到苗床或育苗钵中，并注意淋水，直至幼苗出土为止。当幼苗长出 3 ～ 4 片真叶时，才进行定植。一般行株距 60 厘米 /50 厘米为宜。

中耕除草　苦瓜从苗期开始，应及时进行中耕、除草和培土，以防土壤板结。一般在定植浇过缓苗水之后，待表土稍干不发黏时进行第一次中耕，10 ～ 15 天后进行第二次中耕，中耕要注意保护新根，宜浅不宜深。每次中耕可结合施一些优质农家肥，如饼肥、各类禽毛和腐熟鸡粪、猪粪等。搭架后，当瓜蔓伸长达 50 厘米以上时，根系基本布满全行间，一般就不宜再中耕了。

搭架整枝　当幼苗长到 20 厘米左右时，需进行搭架引蔓。

搭架要力求牢固，以避免风吹倒塌，而损伤瓜苗。苦瓜的分枝力很强，侧蔓较多，距离地面 50 厘米以下的侧蔓及过密的和衰老的枝叶应及时摘除，以利于通风透光，提高光能利用率。生长中期如果瓜蔓过于疯长，则要及时摘心打顶，以抑制其生长，促进结瓜。苦瓜的引蔓，瓜苗未上棚前要勤，每隔 2 ～ 3 天引绑一次。

追肥灌溉 苦瓜结瓜轮次多，收获时间长，一生消耗水肥量大。除施足基肥外，一般在抽蔓、开花、结果时重施追肥，苗期追肥可少些。第一次追肥是在定植后 7 天左右（直播地瓜苗长出 2 片真叶时），可施用 10%浓度的腐熟人粪尿或 0.5%复合肥水；以后每隔 5 ～ 7 天施一次，其浓度逐渐加大，待至开花结果时，人粪尿浓度可增加到 30%左右。开花结果期间，要追 2 ～ 3 次重肥，以延长其收获期。追肥还要看天气和叶色的情况，灵活掌握，酌情增减。

苦瓜虽喜潮湿，但又忌积水，如果根部受浸后，叶片萎黄，果实就会腐烂，还可能引起根腐而致枯萎。苦瓜生长前期气温较低，应适当控制水分，以增强抗寒能力。开花至采收前的晴天，应适当浇水，一般每隔 2 ～ 3 天浇水一次。采收期间需水量较大，应每天浇水 1 ～ 2 次。

苦瓜盆栽时，盆土宜用田园土，并掺适量石灰和腐熟的猪粪及过磷酸钙、草木灰等。可直接盆播栽培，也可移苗上盆，用细竹竿搭支架或者在防盗网上让其攀缘生长。在院落中多栽植在阳光充足的棚架旁，一般株距 40 ～ 50 厘米。培以肥沃营养土，经常保持土壤湿润。

病虫害防治

苦瓜病害主要是炭疽病和霜霉病。炭疽病用 70%代森锰锌粉剂 400 倍液或 50%炭疽福美粉剂 300 ～ 400 倍液，或 80%代森锌 800 倍喷施叶片正反面，每 5 ～ 7 天一次。霜霉病用甲霜灵锰锌粉剂兑成水液喷施，重点是喷施叶的背部，连喷 2 ～ 3 次。

虫害主要有瓜食蝇和椿象：瓜食蝇在成虫盛发期，选中午或傍晚喷洒灭杀毙6 000倍液、2.5%溴氰菊酯3 000倍液等均有效。因成虫出现期长，需3～5天喷1次，连续2～3次。椿象在早春越冬卵孵化后，对越冬作物喷洒20%二溴磷1 000倍液。

小知识

如何巧用饼肥

饼肥亦称枯饼，是植物种子或果核经榨油后的副产品，如大豆、花生、芝麻、菜籽、蓖麻饼等。饼肥含有75%～78%的有机质以及氮、磷、钾和丰富的微量元素，可作基肥或追肥。

饼肥做基肥要与堆肥、厩肥、人粪尿及绿肥等混合堆沤使用，可以使肥效更长，利用率更高，改良土壤结构的作用更好。但尽量不与化肥混用，以免造成植株徒长。

饼肥单独使用时最好发酵后使用。饼肥含碳水化合物多，热量高，施入土壤后要与微生物发生作用，才能分解，肥效较慢。发酵时产生的大量热，还会发热烧根、烧种。发酵后才有利土壤微生物分解，并迅速被根系吸收利用。

饼肥无论作基肥还是作追肥，都要适时施用。基肥施用过早，对幼苗前期生长尚未发挥作用时已失去肥效；施用过晚，对幼苗后期生长继续发挥作用，引起徒长。正确的做法是在定植前10天左右施入穴内。

施用饼肥不要直接接触根系或种子，基肥深度为25厘米左右。做追肥以腐熟的液肥浇施为好，使用浓度与施肥量，应根据不同作物种类、不同生育期、不同季节灵活掌握。原则是苗期淡施勤施，开花期重施；一年生浅根作物、天旱季节，淡施勤施，多年生深根作物、雨季，可适当重施、浓施。

冬 瓜

中文名：冬瓜
别　名：白瓜、水芝、枕瓜
科　属：葫芦科冬瓜属

形态习性

冬瓜原产于我国南部和印度，现在我国南北都有栽培。果实供食用，每 100 克果实含水分 95 ～ 97 克，碳水化合物 1.4 ～ 2.4 克，维生素 C 8 ～ 18 毫克。东南亚一些地方还食用嫩茎叶。种子和外果皮可入药。中国传统医学认为冬瓜子对肠痈、肺痈、小便淋痛有疗效；外果皮治疗水肿症。

冬瓜为一年生攀缘草本植物。其根系强大，须根发达，深度 50 ～ 100 厘米，宽度 150 ～ 200 厘米，根系吸收能力强，容易产生不定根；叶互生，叶片宽大，掌状，5 ～ 7 个浅裂，绿色，叶面、叶背具茸毛，叶脉网状，背部突起。叶柄明显，被茸毛；茎蔓性，五角菱形，绿色，密被茸毛。茎分枝力强，每节腋芽均可抽发侧蔓，侧蔓各节腋芽也可抽发副侧蔓，初生茎节只有一个腋芽，抽蔓开始，每个茎节生出分支卷须，其后茎节还着生雄花或雌花。基部茎节在湿润条件下，还容易发生不定根，用以吸收养分和水分。所以，在栽培上可采取压蔓的方法，以扩大其吸收面积。

图 4-58　冬瓜花（摄影逸园）

冬瓜花多数为单性，一般为雌雄同株

异花，个别品种为两性花。一般先发生雄花，随后发生雌花。雄花萼片 5 个，近戟形，绿色，椭圆形，黄色。雄花瓣蕊 3 枚 ，在花的中央三角形排列，顶生花药，几度弯曲开裂。雌花瓣 5 片，子房下位，形状因品种而不同，有长椭圆形、短椭圆形，绿色，密被茸毛，花柄较短而粗，被茸毛，柱头瓣状三裂，浅黄色。冬

图 4-59　冬瓜藤（摄影逸园）

图 4-60　冬瓜（摄影逸园）

瓜一般靠主蔓坐瓜。冬瓜花在晚上10时左右初开，次晨7时盛开。花瓣约经2天凋谢。花瓣凋谢愈慢，留在瓜上的时间越长，瓜越壮，结瓜越大。

冬瓜的果实为瓠果，其形状有扁圆形、短圆柱形与长圆柱形，绿色，被茸毛，茸毛随着果实成熟逐渐减少，被白色蜡粉或无白色蜡粉。果实大小因品种的不同而有很大差异，种子近椭圆形，种脐一端稍尖，扁圆，浅黄白色，种皮光滑或有突起边缘。

繁殖养护

播种 冬瓜种子因种皮较厚，不易吸水，播种前应进行浸种催芽和种子消毒。用50%多菌灵250倍液浸种20分钟，防苗期枯萎病等。经消毒的种子用清水洗净后再浸泡5～6小时，捞起进行催芽，催芽温度以30℃左右为宜。

育苗 适时早播，在1月底至2月初播种。播后用薄膜拱棚覆盖防寒。待苗长出一叶一心时移植于营养钵，营养钵规格为15～18厘米，营养土选用未种过瓜类作物的肥沃土壤，植后再用薄膜拱棚覆盖防寒。

定植 选未种过瓜类作物的新地或已进行水旱轮作3～5年的田块种植。基肥在起厢整地时，于厢中间开长沟埋有机肥和过磷酸钙。当气温稳定在15摄氏度以上选晴天进行移植，定植时把营养钵除去，植后淋定根水。

管理 冬瓜因根系发达，枝叶繁茂，结瓜巨大，产量很高，因而需肥量较大。待苗长出5～6片真叶时施复合肥和尿素，促进伸蔓，增加植株营养积累，利于雌花的形成和坐瓜。第一朵雌花开放后控肥控水，防止徒长。保花坐果。当果实长至3～4千克时加强肥水管理。复合肥、尿素、氯化钾按2∶1∶0.8的比例混合，隔10～15天施一次，连续施4～5次。冬瓜生长需水量大，应及时灌水，于上午进行，保持土壤湿润，雨期注意排除积水。定植后待苗高50～60厘米时即搭架引蔓，架高60～70厘米。坐果前摘除所有侧蔓，至果重3～4千克时留2～3条侧蔓。

授粉与留瓜 冬瓜的花为雌雄同株异花，为提高坐瓜率进行人工授粉，做法是选择上午刚开放的雄花，去掉花瓣后将花药往雌花柱头上轻轻涂抹一下。冬瓜的大小与结瓜节位及幼瓜素质有关。留瓜时在瓜蔓生长粗大的节段选留 2 ~ 3 个上下部大小一致，全身披满茸毛且有光泽的幼瓜。坐瓜后待其直径达 10 厘米时摘除预备瓜，一蔓留一瓜。

病虫害防治

冬瓜病害主要有枯萎病和疫病。枯萎病发病初期用瓜枯宁 800 倍液或农抗 120 的 200 倍液灌根。疫病注意在大雨或暴雨过后防治，用 58%雷多米尔或 72%克疫霜 600 倍液喷施。冬瓜的主要虫害有椿象、瓜蓟马、瓜绢螟等。防治上选用高效低毒农药轮换使用。椿象用 90%敌百虫喷杀，瓜蓟马注意在坐瓜前防治，用 25%扑虱蚜 2 000 倍液喷杀。瓜绢螟用虫螨杀星于下午 4 时后喷施。

小知识

冬瓜防裂瓜妙法

冬瓜发生裂瓜后不仅影响外观，而且影响品质。下面介绍几种防止冬瓜裂瓜的措施，以供参考。

①在多雨地区或多雨季节，采用深沟高畦或起垄搭架栽培法栽培。

②增施有机肥，增加土壤透水性和保水力，使土壤供水均匀，促使植株健壮生长，并且还要及时整枝，使果实发育正常。

③果实顶端和贴地部位的果皮厚，壁细胞层较少，栽培中可将其进行翻转，以促进果实发育，防止裂瓜。必要时在果实膨大期喷洒 0.1%的硫酸锌或硫酸铜溶液，以提高其抗热和抗裂能力。

④在花瓣脱落后喷洒赤霉素溶液，每隔 7 天喷一次，连续喷 2 ~ 3 次，也可防止裂瓜。

豌 豆

中文名：豌豆
别 名：回回豆、麦豌豆、寒豆、麦豆、毕豆、国豆等
软荚豌豆别名荷兰豆
科 属：豆科豌豆属

形态习性

豌豆原产于亚洲西部、地中海地区和埃塞俄比亚、小亚细亚西部，因其适应性很强，在全世界的地理分布很广。豌豆在我国已有两千多年的栽培历史，现在各地均有栽培。嫩梢、嫩荚、嫩豆均可炒食，嫩梢为优质鲜菜，嫩豆又是制罐头和速冻蔬菜的主要原料，豆荚肥圆、甜脆、营养丰富、口感好，是一种高档菜用新品种。

豌豆属一年生或二年生攀缘草本植物。豌豆高 90 ~ 180 厘米，全体无毛。羽状复叶，小叶长圆形至卵圆形，长 3 ~ 5 厘米，宽 1 ~ 2 厘米，全缘；托叶叶状，卵形，基部耳状包围叶柄。花单生或 1 ~ 3 朵排列成总状而腋生；花冠白色或紫红色；花柱扁，内侧有须毛。豌豆属于较严格的自花授粉作物，通常在小花

图 4-61 豌豆芽苗（摄影青草记）

图 4-62 晚熟豌豆苗（摄影青草记）

图 4-63　天台上的豌豆（摄影青草记）

开放前，花药已开裂并完成自花授粉过程。荚果长椭圆形，长 5 ～ 10 厘米，内有坚纸质衬皮；种子圆形，2 ～ 10 颗，青绿色，干后变为黄色。花果期 4 ～ 5 月。

图 4-64　白花豌豆花（摄影青草记）

早熟矮生豌豆生育期短，对光照不敏感，气温高于 25℃，严重影响正常生长，低于 4℃不利鲜荚粒鼓粒，低于 0℃鲜荚易受冻。豌豆忌连作，白花豌豆比紫花豌豆对连作反应更敏感，豌豆苗期生长缓慢，可与其他作物间作或混作。属半寒性长日照植物，在华南各省大多是秋播春收。一般情况下，豌豆发芽期需 10 天，幼苗期 10 ～ 25 天，抽蔓期 25 ～ 30 天。在开花结荚期内，茎蔓继续生长。

图 4-65　白花豌豆花（摄影青草记）

图 4-66　豌豆荚果（摄影青草记）

图 4-67　红花豌豆花（摄影青草记）

图 4-68　红花豌豆花（摄影青草记）

繁殖养护

适时播种　豌豆苗期能承受一定高温，但日平均气温超过 25℃、白天最高气温超过 32℃，幼苗则容易死亡。最佳播种期为 9 月上中旬。

巧施基肥　豌豆前期幼苗生活力弱，根系吸肥能力低，基肥若集中施于播种沟，由于肥料浓度高，加上经堆沤的有机肥不够腐熟，在腐熟过程中会过热，往往容易烧死幼根、幼苗。因此，基肥应全层施，即于土地犁翻耙后全田均匀撒施，施肥后再轻耙一次，然后按规格起畦。

播种深度　豌豆种子的糖分含量较荷兰豆高，顶土能力较荷兰豆弱，应注意播种的深度，播种太深或盖土太厚，会造成烂根死苗。宜选择沙壤土田块种植，犁后耙碎耙平，于畦中间开浅沟播种，行株距25厘米/20厘米，播后覆土2厘米即可。

水肥管理 豌豆出苗要吸水膨胀后出苗，田间要保持湿润状态。苗期一般不能灌水，主要靠淋水。出苗后，早晚各淋一次薄水，对降温保苗有重要作用。幼苗粗壮则抗御高温和不良环境的能力强，反之则弱。苗期不能偏施氮肥，也不能重施肥以免造成幼苗徒长、组织柔软，降低对高温的抵抗能力。幼苗期一般是在出苗后3～4天进行第一次追施尿素，第一次追肥后6～7天进行第二次追施复合肥。

中耕除草 中耕除草是豌豆的丰产栽培技术之一，但此措施应在高温阶段后进行。高温期间中耕除草往往造成土表温度增加，同时亦会损伤部分幼苗的根系，造成大量死苗。为了降低地温，在豌豆畦的两边种植一些叶菜类蔬菜，可降温保苗。

病虫害防治

根腐病是一种真菌性病害，早秋高温、高湿情况下极易发生，其防治方法是：在幼苗期每隔7天对根部淋施一次杀菌剂，如敌克松500倍液、多菌灵8 000倍液。如遇“太阳雨”，且幼苗变黄时，则应每隔3天淋施一次，连续淋3次。豆秆蝇对豌豆苗期的为害是毁灭性的，其防治方法是：播种时于播种沟施入米乐尔；出苗后一个月内，隔3～4天用内吸剂乐果+敌百虫喷雾防治。

◎新品介绍　如何生产豌豆芽菜

豌豆芽菜是一种新型蔬菜，它是以豌豆种子为原料培育而成的豌豆芽苗，富含维生素A、维生素C、钙和磷等营养成分。整个生产过程不用农药，不受污染，生长周期短，适合家庭种植。

①材料准备

豌豆芽菜生长适温为18～23℃，当室外平均温度高于18℃时，可不需任何保护设施栽培。栽培用长、宽、高为60×25×5厘米规格的塑料育苗盘，基质可用细沙，也可用珍珠岩、蛭石等。

②精选种子

培育豌豆芽菜可选用青豌豆、麻豌豆、紫豌豆等品种，选用发芽率高，抗病性强，无瘪粒，产量高，纤维少，品质较佳的品种，播前对种子进行精选，确保种子有较高的纯度、净度和发芽率。将经过晾晒和精选的种子，先用洁净水淘洗 2 ~ 3 次。

③浸种催芽

先将种子在 55℃温水中浸种 15 分钟，放到冷水冷却后再浸 24 小时，用清水洗净，并用多层干净的湿纱布包裹，置于 18 ~ 23℃恒温处催芽，约经 48 小时种子露芽时即可播种。

④定量播种

一般每盘播种 200 ~ 250 粒，播种前将基质消毒，先铺上一层基质然后把浸泡的种子均匀平撒一层，播后覆盖一层厚约 1 厘米的基质，用清水喷雾将基质浇透。

⑤芽苗管理

播种后用干净的黑塑料膜盖上苗盘，或者放在暗室内培养，以促进芽苗在黑暗中生长。每隔 4 ~ 6 小时揭开塑料膜喷淋 20℃清水一次，喷水的同时要检查发芽情况，淘汰霉烂变质种子。8 ~ 10 天苗高达 5 ~ 6 厘米，子叶展开时应立即撤掉遮光物，使其逐渐适应强光照环境，使芽苗在自然光照条件下继续生长，促使芽苗由黄绿转变为浓绿。

⑥及时采收

一般培育 20 天后，可及时采收。当苗高 10 ~ 12 厘米、顶部复叶开始展开时即可采收。采收方法是距基部 2 ~ 3 厘米处剪断，第一、二次采收应在基部留一个腋芽或分枝，一般第一次采收的产量占总产量的 40% ~ 50%，第二、三次产量略少。豌豆芽苗嫩、水分含量高。

香豌豆

中文名：香豌豆
别　名：甜豌豆、花豌豆、麝香豌豆、香豆花、广叶山豌豆、小豌豆
科　属：豆科香豌豆属

形态习性

香豌豆原产于地中海的西西里半岛及南欧，该属共有130种，分布于北温带、非洲热带及南美高山区，我国产30种。矮性变种茎直立，矮生，植株茂密适盆栽。香豌豆花型独特，枝条细长柔软，既可作冬、春切花材料制作花篮、花圈，也可盆栽供室内陈设欣赏，春、夏还可移植户外任其攀缘作垂直绿化材料，或作为地被植物。

香豌豆为一、二年生蔓性攀缘草本植物，全株被白色毛，茎棱状有翼，羽状复叶，仅茎部两片小叶，先端小叶变态形成卷须，花具总梗，长20厘米，腋生，着花1～4朵，花大蝶形，色深艳丽，并具斑点、斑纹，具芳香。香豌豆花色繁多，有白、粉红、榴红、大

图4-69　阳台上的香豌豆（摄影谢小果）

红、蓝、堇紫及深褐色，亦有带斑点或镶边等复色品种。根据花型可分为平瓣、卷瓣、皱瓣、重瓣四种，根据花期开放可分成夏花、冬花、春花三类，随着育种工作的改进，栽培品种也不断增加。荚果长圆形，内含 5 ～ 6 粒种子，种子球形、褐色。

图 4-70 香豌豆花（摄影谢小果）

图 4-71 香豌豆花（摄影谢小果）

香豌豆喜冬暖夏无酷暑的气候条件，宜作二年生花卉栽培。南方可露地越冬，可耐 -5℃的低温，北方需入室越冬，低于 5℃生长不良，发芽适温 20℃，生长适温 15℃左右，盛夏到来之前完成结实而死亡。喜日照充足，也能耐半阴，过度庇荫造成植株生长不良，生长期阴雨天多的地区影响观赏效果。要求通风良好，不良者易患病虫害。属于深根性花卉，要求疏松肥沃、湿润而排水良好的沙壤土，在干燥、瘠薄的土壤上生长不良，不耐积水。

繁殖养护

播种 香豌豆采用播种繁殖，可于春、秋进行，华北地区多于 8 ～ 9 月进行秋播。种子为硬粒，播前用 40℃温水浸种一昼夜，发芽适宜温度 20℃左右，发芽后定植于温室中。也可于 9 ～ 10 月份直接播种于温室的盆中。盆径 10 ～ 15 厘米，点播 3 ～ 5 粒。出苗后间苗，留一株壮苗，香豌豆不耐移植，多直播育苗，或盆播育苗，待长成小苗时，脱盆移植，避免伤根。除播种外，香豌豆也可用茎扦插繁殖。

养护 香豌豆盆土用腐叶土、泥炭、河沙加部分有机肥配成，开花前每10天追施一次稀释液肥，花蕾形成初期追施磷酸二氢钾。浇水以间干间湿为原则。栽培温度不宜过高，开花前，白天温度9～13℃，夜间5～8℃为宜，温度过高，植株未发育完全即现蕾，影响植株生长。开花时室温增高到15～20℃，有利于成花。需将盆花置于窗前接受光照，要注意通风，防止徒长或落蕾。主蔓长到20厘米左右即摘心，促进侧蔓生长，增加花朵数量。开花期可利用温度调节控制，12月至次年2～3月开花的植株可在中温温室养护，来年5月开花的植株可置于冷室越冬。开花期为保证开花数量，随时摘去开谢的花朵，延长植株开花期。花后结实，各部位荚果成熟期不同，需随熟随采。攀缘型品种可设立支架造型。

病虫害防治

香豌豆病毒病是菜豆黄花叶病毒，通过汁液或蚜虫传播。防治办法：施用杀虫剂防治蚜虫是重要的手段，同时，应清除香豌豆栽培区内的菜豆花叶病毒的寄主，减少侵染源。温室栽培或干燥环境下易发红蜘蛛，可用辣椒水防治。

果木类

GUOMULEI

无花果

中文名：无花果

别　名：映日果、奶浆果、蜜果、树地瓜、文先果、明目果

科　属：桑科榕属，亦称无花果属

无花果含有较高的果糖、果酸、蛋白质、维生素等成分，有润肺止咳、清热润肠、开胃、催乳等作用。无花果中可被人体直接吸收利用的葡萄糖含量占34.3%，果糖占31.2%，而蔗糖仅占7.82%。所以热量较低，在日本被称为低热量食品。国内医学研究证明，无花果是一种减肥保健食品。

现代研究结果表明，无花果有一定的轻泻作用，便秘时可以用作食物性的轻泻剂；它的干果、未成熟果实和植物的乳汁中均含抗肿瘤的成分。无花果除鲜食、药用外，还可加工制成果脯、果酱、果汁、果酒、饮料、罐头等。

图 5-1　成熟的无花果（摄影赵晶）

图 5-2、图 5-3 院落中的无花果（摄影赵晶）

图 5-4、图 5-5 天台上的无花果（摄影赵晶）

形态习性

无花果原产于欧洲地中海沿岸和中亚地区，引入中国后，以长江流域和华北沿海地带栽植较多，北京以南的内陆地区仅有零星栽培。无花果因花小，并藏于花托内，又名隐花果。无花果喜温暖湿润的海洋性气候，喜光、喜肥，不耐寒，不抗涝，较耐干旱。是秋季鲜美的果品之一，为人们所喜爱。无花果枝繁叶茂，树态优雅，具有较高的观赏价值，是良好的园林及庭院绿化观赏树种。无花果为亚热带落叶性灌木或小乔木，在适宜条件下也可长成大树。干皮灰褐色，平滑或不规则纵裂。小枝粗壮，托叶包被幼芽。花期 4 ~ 5 月，花单生，淡红色，隐藏在花托内，不明显，果实成熟后，花脱落。6 ~ 10 月均可成花结果，果实呈青绿色，成熟后成黑紫色，果实顶端开裂。

繁殖养护

栽培环境 无花果栽培容易，适应性广，对环境条件要求不严，凡年平均气温在13℃以上，冬季最低气温在－5℃以上，年降水量在400～2 000毫米的地区均能正常生长挂果。无花果对土壤要求不严，在典型的灰壤土、多石灰的沙质土、潮湿的亚热带酸性红壤土以及冲积性黏壤土上都能正常生长。它抗盐碱能力强，在盐碱地上也能良好地生长结果。对水分条件要求不太严格，较抗旱。无花果不耐涝，宜选择排水通畅的地方。无花果是较喜光的树种，应该尽量选择光照较好的地区。

繁殖方法 无花果枝条极易生根，也易发生根蘖，繁殖苗木时扦插、压条和分株等方法都可应用。通常多采用扦插法。扦插多在秋季落叶后或早春树液流动前，剪取长约20厘米的枝条做插穗，插入沙或蛭石中，保持湿润，在20～25℃温度条件下，1个月左右即可生根。成活后加强肥水管理，第二年便能结果。

上盆管理 无花果盆栽和盆景多以无土栽培为主，花盆常采用普通塑料花盆或紫砂深筒盆。无土基质要根据无花果的根系特性来选择。一般来说，陶粒、蛭石、草炭或珍珠岩、草炭、炉渣等量混合就能满足要求。

上盆时，盆底加一层陶粒或粗炉渣做排水层，然后填加混合基质，将苗木栽好。栽后第一次浇水要浇透，置半阴处1周左右，树苗成活后逐渐移到光照充足处，进行正常管理。

日常管理 北方地区可于4月末或5月初移到室外阳光充足处养护，盛夏高温季节中午前后要适当遮阴，注意补水保持土壤湿润，可每天往枝叶上喷水2～3次，达到降温增湿的目的。开花前至幼果膨大期，可喷施2次0.2%磷酸二氢钾液肥，促进坐果和果实生长。入冬前移入室内置冷凉处越冬，停止浇肥浇水，温度保持在0℃左右即可。

修剪整枝 为了使无花果多结果和树形优美，每年需要修剪，修剪须在早春树液流动前进行，以免造成伤害，影响当年结果。

一般情况下，无花果树冠内枝条不密集，适于培养有中心干的无层形或多主枝自然开心形的树形，也可直接从地面分枝形成丛生灌木状的树冠。整形时，对苗木在 40 ～ 50 厘米高处定干，以后全树保留 4 ～ 6 个主枝，中心干有或无均可。各主枝间保持一定的间距，主枝每年剪留 40 ～ 60 厘米，其上再按适当间隔配置 2 ～ 3 个副主枝，扩大结果面。树形完成后，每年只剪掉无用枝、密生枝、下垂枝和干枯枝，尽量多保留壮枝结果。收秋果为主的品种，因结果部位多在当年生新梢的中下部，对枝条可适度短截。夏果品种的花芽多着生在枝条顶部，冬季不宜短截健壮枝条，以免影响产量。对分枝少或结果部位逐年外移的无花果树，冬季可适当短截，以促发新枝。部分枝条可剪留基部 2 ～ 3 个叶芽。

病虫害防治

无花果的病虫害较少。常见的有果实炭疽病和桑天牛、根结线虫等虫害。对果实炭疽病应在夏、秋季果实发病前及早喷洒 75%百菌清 600 ～ 800 倍液加以防治，最后一次施药距收获的天数为 7 ～ 14 天。桑天牛防治可用药泥、药棉球、樟脑丸等塞入虫洞，以毒杀幼虫。防治根结线虫用 50%辛硫磷乳油 1 500 倍液灌根。

葡　萄

中文名：葡萄
别　名：蒲桃、草龙珠、山葫芦、李桃等
科　属：葡萄科葡萄属

葡萄含糖量高达 10%～30%，以葡萄糖为主。葡萄中的多量果酸有助于消化，适当多吃些葡萄，能健脾胃。葡萄中含有矿物质钙、钾、磷、铁以及多种维生素，还含有多种人体所需的氨基酸，常食葡萄对神经衰弱、疲劳过度大有裨益。把葡萄制成葡萄干后，糖和铁的含量相对较高，是妇女、儿童和体弱贫血者的滋补佳品。

形态习性

葡萄为落叶藤本植物，是世界最古老的植物之一。中国栽培葡萄已有 2 000 多年历史，相传为汉代人张骞引入。原产欧美和中亚，在我国长江流域以北各地均有栽培，主要产于新疆、甘肃、山西、河北等地。

世界葡萄品种达 8 000 个以上，中国约有 800 个，生产上栽培比较优良的品种只有数十个。按用途可分为鲜食、酿酒、制干、其

图 5-6、图 5-7　天台上的葡萄花（摄影爱种花更爱种菜）

他加工品种以及砧木品种。主要优良鲜食品种有：莎巴珍珠、葡萄园皇后、京早晶、无核白、玫瑰香、巨峰、白香蕉、牛奶、龙眼。

葡萄为高大缠绕藤本，幼茎秃净或略被绒毛。叶纸质，互生，圆形或圆卵形，宽 10 ～ 20 厘米，常 3 ～ 5 裂，基部心形，边缘有粗而稍尖锐的齿缺，下面常密被蛛丝状绒毛；叶柄长达 4 ～ 8 厘米。茎蔓长达 10 ～ 20 米。单叶，互生。花小，黄绿色，组成圆锥花序。浆果圆形或椭圆形，因品种不同，有白、青、红、褐、紫、黑等不同果色。果熟期 8 ～ 10 月。

葡萄根系发达，再生力强，吸收力强，故抗旱、耐瘠、耐盐碱，不怕耕作伤根。除了沼泽地和重盐碱地不适宜生长外，其余各类型土壤都能栽培，而以肥沃的沙壤土最为适宜。对光的要求较高，光照时数长短对葡萄生长发育、产量和品质有很大影响。光照不足时，新梢生长细弱，叶片薄，叶色淡，果穗小，落花、落果多，产量低，品质差，冬芽分化不良。水在葡萄生命活动中有重要作用，如土壤过分干旱，根很难从土壤中吸收水分和养分，光合作用减弱，易出现老叶黄化、脱落，甚至植株凋萎死亡。但水分过多也有害生长。葡萄各个生长时期对水分要求不同。在早春萌芽、新梢生长期、幼果膨大期均要求有充足的水分供应，一般隔 7 ～ 10 天灌水一次，使土壤含水量达 70%左右为宜。在浆果

图 5-8 天台上的葡萄（摄影爱种花更爱种菜）

图 5-9、图 5-10　天台上的葡萄（摄影爱种花更爱种菜）

成熟期前后土壤含水量达 60%左右较好。但雨量过多要注意及时排水，以免湿度过大影响果实质量，还易发生病害。如雨水过少，要每隔 10 天左右灌一次水，否则久旱逢雨易出现裂果。

繁殖养护

栽培环境　葡萄的根是肉质根，喜欢疏松、肥沃、湿润的土壤。较理想的盆土是经人工调制的腐殖质土（腐烂的杂草、落叶、经沤制的秸秆），也可将塘泥挖出晒干粉碎后作腐殖质土。使用前将土壤放在阳光下暴晒以消灭病虫。

繁殖方法　葡萄一般用扦插法或压条法进行繁殖，播种很少用。扦插于春季发芽前的 4 月进行，插穗选用中段健壮枝条，裁成段子，使每段上留有 1 ～ 3 个节，下端剪口接近芽眼，插入砂床。砂床要保持稍湿润，但不宜过湿，至 5 月下旬可生根。

上盆管理　上盆后要放在半阴处缓苗，逐步转入正常管理。刚栽后短期内要以土壤湿润为主，但浇过三遍水后要有所控制，不干不浇，浇要浇透，这样才能促使葡萄生长出新根，植株才会更加健壮。在新植后不要立即施肥，特别是土中施肥，一般会影响生新根。种植葡萄要求光照充足的环境，不能在半阴或荫蔽处。栽植二周后可叶面喷施 0.2%的尿素 + 磷酸二氢钾溶液，促进其生长。如果枝条正常，长久不见生长新枝叶，可用毛笔蘸 1 000 倍液的赤霉素溶液涂抹于葡萄芽上进行催生。

修剪整枝　葡萄到了冬天要进行必要的修剪，一般在葡萄自然落叶后至次年春季伤流期前进行。一般长势弱，直立性强的品种，每平方米架面留梢 13 ～ 15 个，长势中等的留梢 10 ～ 13 个，长势旺盛的留梢 7 ～ 9 个。修剪时注意去细留粗，去病留强。

过冬管理 盆栽葡萄在北方，能否安全越冬是获得成功的关键，主要是解决好温度和湿度两个问题。盆栽葡萄越冬比较适宜的温度是 0 ～ 5℃，温度超过 10℃时易提早发芽。虽然冬季葡萄已经落叶，需水量比生长季节少得多，但仍需保持适当的土壤湿度，才不致根系和枝芽抽干死亡。一般土壤湿度达 60% ～ 70% 最为适宜。为确保葡萄安全越冬，可采用埋藏法和窖藏法。埋藏法：在华北地区，冬季若放在楼房前或阳台上，封冻前浇透水后，可用塑料薄膜包严，然后盖上 25 厘米左右的杂草、树叶，再盖上草帘，也能安全越冬。若放在空闲屋内也可。但须注意不要使盆内土壤干燥。窖藏法：北方习惯冬季挖菜窖贮藏蔬菜，若把冬剪后、浇透水的盆栽葡萄放在窖内，保持 1 ～ 5℃左右的温度，不必常浇水。春天再从窖内取出。

病虫害防治

葡萄病害主要有白腐病、黑痘病和炭疽病。白腐病在花后至 8 月中旬的雨季喷药保护果穗，可喷 1 000×50%多菌灵、800×50%退菌特或 1 ∶ 0.5 ∶ 180 倍波尔多液。每隔 10 ～ 15 天喷 1 次，共喷 3 ～ 4 次（喷药时加 6501 黏着剂或洗衣粉）。黑痘病防治关键是抓住开花前和落叶两次时机，可喷 1 ∶ 0.5 ∶ 180 倍波尔多液或 800×50%退菌特或 600×75%百菌清。炭疽病 7 ～ 8 月为发病高峰，每隔半月喷 1 次 1 ∶ 0.5 ∶ 180 倍波尔多液或 500×50%退菌特（用药时要加 6501 黏着剂或洗衣粉）。

葡萄虫害主要有根瘤蚜、二星叶蝉。根瘤蚜防治重点是对苗木、插条严格消毒，方法是在 1 500×50%辛硫磷中浸泡 1 分钟；及时刨除病株并烧毁。二星叶蝉成虫或幼虫常用 70%艾美乐 1 500 倍、0.3%绿晶 1 000 倍及 5%蚜良 2 000 倍液喷雾。

金橘

中文名：金橘
别　名：金钱橘、罗浮、金枣、牛奶金橘、羊奶橘
科　属：芸香科金橘属

金橘为常绿灌木，原产于我国南方的两广、闽浙一带，在北方均做盆栽。因其果实“大者如金钱，小者如龙眼”，外皮橙黄光滑，色泽鲜艳，所以又称为“金钱橘”。自古以来，中医就认为金橘具有化痰止咳，理气解郁之功效。金橘嚼食，用于咳嗽咳痰和百日咳；肺寒咳嗽，可用金橘拍破，同生姜用沸水浸泡饮服；肺热咳嗽，用金橘同萝卜绞汁服。鲜金橘生食或蜜渍，或与山楂、麦芽煎水服，用于食积气滞，脘腹脾闷，饮食减少。单用蜜渍金橘，或与佛手、代代花用沸水浸泡，加白糖调味服，用于肝郁气滞，胸胁胀闷或疼痛。金橘还可加工成蜜饯和罐头。

金橘树形美观，枝叶繁茂，四季常青，果实金黄，是观果花木中独具风格的上品，适宜栽培成盆橘，供人观赏。

形态习性

金橘为常绿灌木或小乔木，高达 3 米。枝密生，通常无刺。叶互生，叶片长椭圆形、披针形或矩圆形，长 4 ～ 8 厘米，宽 2 ～ 3 厘米，先端钝或钝尖，叶缘微波状或具不明显的细锯齿，基部楔形，下面密生腺点；叶柄长 0.5 ～ 1 厘米，有狭翅。花瓣 5 片，白色，狭长矩形，向下反卷。果实呈倒卵形或长椭圆形，长 2 ～ 3.5 厘米；果皮平滑，有光泽，成熟时金黄色，果皮厚，油腺密生；瓤囊 4 ～ 5 瓣，汁多味酸。花期 6 月。果熟期 12 月。

金橘性喜温暖湿润的气候，喜阳光、不耐阴，但也不宜烈日暴

晒，在北方春、夏季须遮阴，不耐寒，盆栽须进温室防寒。喜肥、喜水，但不耐水湿，适生于疏松肥沃、排水良好的微酸性和中性土壤。

图 5-11　盆栽金橘（摄影赵晶）

图 5-12　盆栽金橘果实（摄影赵晶）

图 5-13　成熟的金橘果实（摄影赵晶）

繁殖养护

繁殖方法　金橘实生后代多变异，且变优者少，结果晚，故不采用播种，多以嫁接、扦插和高空压条进行繁殖。嫁接以枸橘、橙或柚的实生苗作砧木，枝接在 3 月中下旬，芽接在 6 ~ 7 月份，靠接在 5 ~ 6 月份，成活率均高。高空压条是在金橘植株上选择壮条，环剥并用潮湿的苔藓、泥炭将其包裹，保持湿润，1 个月后即生根，两个月后切离母株上盆栽植。扦插于 4 ~ 8 月份进行，硬枝、嫩枝均可，成活后于霜降前上盆，并移入温室管理。

日常管理　给金橘浇水，春季出室后到夏初开花期每 3 ~ 4 天浇一次透水，平时保持盆土湿润，幼果期后正值夏季高温，可每天浇一次透水，缺水不仅导致叶片萎蔫，还易使果实脱落。雨天应避免淋雨，如遭雨淋应及时将盆内的水倒掉。秋季随着气温的降低浇水的次数和量也应随之减少，可 4 天左右浇一次透水，此时水大易导致植株烂根；冬季在室内可每周浇一次透水。金橘多为盆栽，盆土可用腐叶土 3、砂土 2、饼肥 1 混合，每年 3 ~ 4 月翻盆换土。金橘喜肥，除换土施入基肥外，其余时间以追施液肥为主。芽萌动前 10 天施用氮肥催芽，5 月初追施以氮、钾为主的有机促花肥。壮果肥在果实膨大期施入，以磷、钾为主。液肥采取每半个月一次，为改良土壤酸碱度，配制矾肥水，每 20 天浇一次，也可叶面喷施。

上盆管理　金橘一般 3 年左右换一次盆，盆栽金橘换盆应该在开花以前，先将植株从盆中磕出，用剪刀将外层过密的根剪掉。新盆的大小要视植株的生长情况而定，如生长好的应选择大盆，盆底需用碎盆片做好排水层，垫一层土后放入几片马蹄片，再垫一层土，然后将植株放在土上，培养土要求富含腐殖质、疏松肥沃和排水良好的中性土壤，边填土边压实，最后浇一次透水，放置于遮阴处。金橘换盆时最好施一次腐熟有机肥作底肥。

冬夏管理　金橘喜光，但怕强光，光照过强易灼伤叶片。夏季需在遮阴棚下养护，特别要避免中午的强光直射，可使其接受上午 9 时以前及下午 5 时以后的阳光照射，初秋也需遮去 30％光照，秋末气温低于

图 5-14　柑橘花（摄影萧朗）

图 5-15　柑橘花（摄影萧朗）

10℃时应及时搬入室内向阳处，使其充分接受光照，霜降前盆花移入温室光照充足处，温度零度以上即可越冬。冬季室温最好能保持在6～12℃，温度过低易遭受冻害，过高会影响植株休眠，不利于来年开花结果，春季清明后可适当开窗通风，使其逐步适应室外的气温，谷雨节后方可出室。

修剪整枝　每年冬末、春初对植株进行一次重剪，每枝保留2～3芽，疏去病虫枝、密生枝、徒长枝，使枝条均匀分布，新梢长到25厘米摘心，促发侧枝使其丰满。金橘开花时，适当疏花疏果，及时抹去新梢，使果大、分布均匀。

图5-16　收获柑橘（摄影爱种花更爱种菜）

图5-17　天台上的柑橘（摄影爱种花更爱种菜）

如果有庭院或者有较大天台的家庭还可以种植柑橘。柑橘栽培方法与金橘类似，但柑橘更耐寒，可露地越冬。

病虫害防治

金橘在通风不良见光差的情况下，可能发生煤污病、白粉病等，可用70%甲基托布津溶液防治。金橘的主要虫害有蚜虫、蚧壳虫、红蜘蛛，可用40%氧化乐果乳油溶液，或40%速扑杀的溶液防治。金橘属喜酸性花卉，在北方常有黄化缺铁现象，在配制培养土时可加少量硫酸亚铁，或生长季叶片喷0.1%的硫酸亚铁水溶液，15～20天1次。或在浇水时滴几滴食醋，或定期浇含硫酸亚铁1%的矾肥水。

草　莓

中文名：草莓
别　名：洋莓、地莓、地果、红莓、士多啤梨等
科　属：蔷薇科草莓属

草莓主要分布于北半球和南美洲，以欧洲最多。世界各国栽培的草莓主要是 18 世纪育出的大果草莓，如凤梨草莓。中国多在大、中城市郊区种植。栽培品种多为威州草莓和智利草莓及其杂交后代。中国原生草莓以森林草莓和东方草莓两种最多，分布在东北、西北和西南等地的山坡、草地或森林下。草莓为多年生常绿草本。草莓外观呈浆果状圆形或心形，鲜美红嫩，果肉多汁，酸甜可口，香味浓郁，是水果中难得的色、香、味俱佳者。因此，常被人们誉为“果中皇后”。草莓果实富含维生素 C、铁及多种矿物质。可鲜食和制果酱、果汁、果酒。

形态习性

草莓植株矮小，有匍匐枝和短粗的根状茎，逐年向上分出新茎。新茎具长柄，复叶，小叶 3 片，椭圆形。初夏开花，聚伞花序，花白色或略带红色。花谢后花托增大变为肉质，瘦果夏季成熟，集生花托上，合成红色浆果状体。呈球形、卵形或椭圆形，通常称为鸡心形，表面分布形似白芝麻的种子。花期 4 ~ 7 月，果期 6 ~ 8 月。

草莓喜温暖湿润和阳光充足，不耐严寒、干旱和高温。春季气温上升到 5℃以上时，植株开始萌发，最适宜生长温度为 20 ~ 26℃。根系由新茎和根状茎上的不定根组成。根状茎 3 年后开始死亡，所以草莓的种植有 3 年的周期。头一年仅能收获很少的草莓，第二年就会收获很多，但到了第三年或者三年之后，草莓的

图 5-18　草莓花（摄影爱种花更爱种菜）

图 5-20　草莓果（摄影爱种花更爱种菜）

图 5-19　草莓花果（摄影爱种花更爱种菜）

产量就要明显下降，需要把植株更新换代。

繁殖养护

栽培环境　种好草莓，首先要选择适宜的土壤，应选择地势高，地面平整，田块南北向长方形，灌排方便，土壤质地疏松，最好是江、溪冲积土，属培泥沙田或泥沙田的田块。这类田块土壤肥力水平较高，供肥性能好，保肥作用强，易早发。草莓适合种植在阳光充足、疏水性好的土壤里，土壤深度在 15 ~ 25 厘米为宜。

繁殖方法　草莓通常为葡匐茎分株繁殖和地下茎分株繁殖。当年 8 月底果实采收后，将新发出的匍匐茎引向母株周围空隙处，将茎节上的叶丛基部就地埋入土中，待茎节上形成有 3 ~ 4 片叶子时，即可将幼苗切离母株移植。当草莓生长良好时，它会生出一种藤蔓，在藤蔓的端头又会生出新的小植株。当小植株长到 3 ~ 4 片叶子时，可以把它剪下，种在另外的花盆中，注意浇水。

日常管理　最好不要让第一年生的新植株结草莓，而是让它生长出更多的枝叶。所以当发现一年生的草莓开花时，要把花摘掉，并摘除新植株上其他多余的藤蔓。如果草莓是种在地里的，还要注意除草。

草莓结果后，浇水时要注意不要把草莓弄湿，因为一旦草莓被水溅湿后，容易腐烂。可在花后垫上牛皮纸，将下垂的果实与土隔开。一旦草莓果实变红后，注意不要让鸟啄食。在草莓上接个网，或者用一个木筐罩在草莓上。草莓成熟后，可以分批采摘，采摘的适宜时间为上午露水干至炎热来临前。露水未干或在雨中采摘的果实容易腐烂，应尽量避免。采摘动作要轻，手捏果柄，带柄采下，不要损伤花萼，否则易腐烂。

越冬管理　等草莓收获后，可以把它们移出暖房，放在室外过冬。过冬要在草莓上铺上一层土，再铺上 5 厘米左右的干草防止霜冻。到第二年的春天，当有新叶子长出后，再移去干草。天气转暖并稳定后，再移去表层的覆盖土壤。但要在行间留一些干草，以防止野草的生长和保持土壤的水分。长江流域放室内可安全越冬，此时宜停肥控水，保持土壤湿润。草莓有时可能会出现黄叶子，只要摘除就可以了。冬天则可一直可以保留黄叶子，直到来年春季有新叶子长出后，再摘除黄叶，并注意浇水、除草和灭虫。

病虫害防治

草莓病害主要有白粉病和草莓烂果病。白粉病可用 50%的白粉净悬浮剂 600 倍液；70%的甲基托布津 1 000 倍液；25%的粉锈宁可湿性粉剂 3 000 ～ 5 000 倍液或 50%的退菌特 800 倍液，每 7 ～ 10 天用药一次，多种药可交替使用，以防产生抗性。草莓（终极腐霉）烂果病：贴地果和近地面果实容易发病，叶柄果梗也可受害变黑干枯。防治方法：①选择避风向阳高燥地块种植草莓，苗床栽前可用氯化苦等进行土壤消毒。②可喷洒 15%庄园乐水剂 200 倍液，或 2%农抗 120 水剂 200 倍液，或 69%安克锰锌可湿性粉剂 1 000 倍液，一般防治 2 ～ 3 次即可收到较好效果。

蚜虫可用 50%的辟蚜雾或 50%抗蚜威可湿性粉剂 2 000 倍液喷 1 ～ 2 次即可。螨类可用低残毒的触杀作用强的增效杀灭菊酯 5 000 ～ 8 000 倍液喷 2 次，间隔 5 天。

如果是小量种植，尽量不要使用农药，可以使用大量兑水后的餐具洗涤剂喷洒；也可以在附近放上些香瓜皮、啤酒等以引开蜗牛等软体爬虫害虫。

石 榴

中文名：石榴
别　名：安石榴、若榴、丹若、金罂、金庞、涂林
科　属：石榴科石榴属

石榴原产伊朗、阿富汗等中亚地区。我国已经有两千年以上的栽培历史，分布很广。石榴传入我国后，因其花果美丽，栽培容易，深受人们喜爱。它被列入农历5月的“月花”，称5月为“榴月”。石榴枝叶秀丽，花色鲜艳，花期长，既可观花又可观果。石榴果色泽艳丽，晶莹剔透，味甜多汁，性味甘、酸涩、温，具有杀虫、收敛、涩肠、止痢等功效。营养丰富，维生素C含量比苹果、梨要高出一两倍。小型盆栽的花石榴可用来摆设盆花群或供室内观赏，大型的果石榴可栽在大盆内，在花卉装饰中作立体陈设或作背景材料。

图 5-21　盆栽石榴（摄影赵晶）

图 5-22　盆栽石榴花（摄影赵晶）

图 5-23　盆栽石榴果（摄影赵晶）

形态习性

石榴为多年生落叶灌木或小乔木，在热带则变为常绿树。树冠丛状自然圆头形。树根黄褐色。树高可达 5 ~ 7 米，一般为 3 ~ 4 米，但矮生石榴仅高约 1 米或更矮。树干呈灰褐色，上有瘤状突起，干多向左方扭转。树冠内分枝多，嫩枝有棱，多呈方形。小枝柔韧，不易折断。一次枝在生长旺盛的小枝上交错对生，具小刺。刺的长短与品种和生长情况有关。旺树多刺，老树少刺。芽色随季节而变化，有紫、绿、橙三色。叶对生或簇生，呈长披针形至长圆形，或椭圆状披针形，长 2 ~ 8 厘米，宽 1 ~ 2 厘米，顶端尖，表面有光泽，背面中脉凸起；有短叶柄。花有单瓣、重瓣之分。石榴花期 5 ~ 6 月，花多红色，也有白色和黄、粉红、玛瑙等色。果期 9 ~ 10 月，果实成熟后变成多室、多子的浆果，每室内有多数子粒；外种皮肉质，呈鲜红、淡红或白色，多汁，甜而带酸，即为可食用部分。从开花到果实成熟需 100 ~ 120 天。

繁殖养护

栽培环境 石榴生长健壮，对夏季高温和冬季低温等环境条件有较强的适应能力。性喜温暖、阳光充足、排水良好和疏松的肥沃土壤，亦能耐石灰质土壤。露地栽培应选择光照充足、排水良好的场所。

繁殖方法 常用扦插、分株、压条进行繁殖。扦插，春季选二年生枝条或夏季采用半木质化枝条扦插均可，插后 15 ~ 20 天生根。分株，可在早春 4 月芽萌动时，挖取健壮根蘖苗分栽。压条，春、秋季均可进行，不必刻伤，芽萌动前用部分蘖枝压入土中，经夏季生根后割离母株，秋季即可成苗。

日常管理 生长过程中，每月施肥 1 次。需勤除根蘖苗和剪除死枝、病枝、密枝和徒长枝，以利通风透光。盆栽，宜浅栽，需控制浇水，宜干不宜湿。生长期需摘心，控制营养生长，促进花芽形成。

石榴是喜阳较耐高温的植物，因此不需要遮阴。生长季节应置于阳光充足处，夏季可以放在烈日下直晒，越晒花越多，果越艳。石榴要求土壤湿润，但又不耐水涝。因此，无论地栽或盆栽，既要经常保持土壤湿润，又不可积水。夏季，一般一天浇一次水即可，深秋可隔一天浇一次水。盆栽石榴在开花结果期要严格控制浇水，不妨等其枝叶略有枯蔫时再浇水，一次浇透。雨水多时要及时排水。盆栽石榴在花期浇水勿浇到花瓣上，以免引起腐烂。开花期忌雾，遇雾花朵易掉落。

石榴喜肥、忌低温。冬季休眠期可施厩肥、磷肥等基肥，地栽的可开穴施，盆栽的换盆时施于盆底。春季开花前，4、5 月和秋季果实迅速膨大的 7、8 月间，可追施人粪尿等稀薄液肥数次。

当果实的果皮由绿变黄，有色品种充分着色，果面出现光泽，果棱显现，果肉细胞中的红色或银白色针芒充分显现，子粒饱满即表明果实已经成熟。成熟果雨前采收，阴雨天气禁止采收。

越冬管理　冬天应移入室内保暖，但室内温度不宜过高，保持 3 ~ 5℃即可，否则会造成过早抽芽，不利于来年开花挂果。开春后，在未出芽前不宜过早移置室外，否则会长时间不出叶，俗称“闷苗”。

病虫害防治

石榴病虫害防治应着重于坐果前后两个时期，前期防虫，后期防病害。石榴在 4 ~ 5 月份坐果前易发生刺蛾、蚜虫、蟒象、介壳虫、斜纹夜蛾等害虫，可用 33%水灭氯乳油 12 毫升 (1 支)，稀释 1 500 倍，喷施在石榴树正反叶面上防治。每年 6 ~ 7 月份是石榴树发生桃蛀螟的高峰季节，可用 50%辛硫磷乳油，稀释 800 倍与泥混合糊上花柄。杀扑磷、毒死蜱等防治介壳虫，效果良好。坐果后，病害主要有白腐病、黑痘病、炭疽病。坐果后每半月左右喷一次等量式波尔多液 200 倍液，可预防多种病害发生。

木 瓜

中文名：木瓜
别 名：文官果、文冠果、崖木瓜
科 属：蔷薇科木瓜属

木瓜为多年生落叶灌木或小乔木，主要分布在我国华东及湖北、江西等地，河南、河北也有栽培。木瓜优良品种果实营养价值高，食用、药用兼备，果实中所含人体所需的17种氨基酸、维生素C等营养成分的含量均超过苹果、梨、桃、山楂、番木瓜、猕猴桃等水果多倍，对人类保健有着不可估量的开发前景。药用能舒筋活络、和胃化湿，主治风湿、关节疼痛、腰腿酸痛以及吐泻腹痛、四肢抽搐等病。我国以木瓜为原料泡制的药酒种类很多，用于舒筋活络、强身健骨，效果极佳。

形态习性

木瓜树皮灰色，株形优美，花色分红、黄、白三色，花期可持续20多天。果实稍圆或球形或近卵形，由绿变黄白色即成熟。果实成熟期一般在7月末到8月上旬。木瓜对环境条件的要求不高。喜温暖湿润气候，对土壤要求不严，在我国南方较温暖的地方均可栽种，要求土壤湿润，阳光充足。木瓜喜高温气候，高温期不但生长快速强盛，而且所结之果糖分也较高，肉色也较深。低温期生长缓慢，结果较小，肉色较淡，糖度较低，遇霜则死。木瓜根部耐旱性强，耐湿性弱，一进入雨季根部易腐烂，故土地宜选地势较高、排水优良之地或山坡地栽培，土壤以疏松肥沃、富含有机质之壤土最理想。木瓜忌连栽，连栽时生育不良，病害较多。木瓜株高叶大，抗风力弱，易遭风灾，故最好选择避风之地以免遭灾。

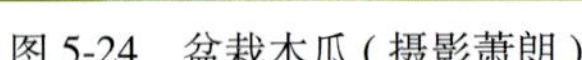
图 5-24　盆栽木瓜（摄影萧朗）

图 5-25　木瓜花（摄影萧朗）

繁殖养护

播种育苗　7、8 月间，当果皮由绿色变为黄褐色，种子由红褐色变为黑色时，即可采收。果实不要暴晒，宜摊放在阴凉通风的地方，待果实半干或干裂时，剥去果皮，取出种子，再摊放在室内阴干。随采随播时，种子无需处理；如留待来年春播，播前应进行催芽。春播前 30 ～ 40 天，将种子用始温 45℃左右的温水浸泡 3 天，每天换水一次，捞出放入筐内，上盖湿草帘，放在 20 ～ 25℃的温暖室内催芽，每天用清水淋洗、翻动 1 ～ 2 次，待种子 2/3 咧嘴露白时播种。

扦插繁殖　一般在 2 ～ 3 月份木瓜枝条萌动前，剪取健壮充实的头年生枝条，截成 20 厘米左右的插条，斜插入备好的插床中，覆盖遮阳网后经常喷水保湿，待长出新根后再移至苗圃地中即可。

田间养护　幼苗出土后，浇水量要掌握好，要防止土壤湿度过大，造成根茎腐烂、幼苗倒伏。全年一般要进行中耕除草 3 ~ 4 次。

木瓜全年开花结果，必须连续不断的施肥供其吸收营养，才能使其连续不断结果。氮、磷、钾肥使用比率，一般为 4 ∶ 8 ∶ 5。春季开花前施肥一次，先在树四周开环沟，每株施入圈肥或土杂肥各 5 千克左右，或人粪尿 10 千克左右，复合肥 0.1 ~ 0.2 千克，以促进生长和利于开花结果；花后 10 天左右喷 1 次 0.3%尿素、1%过磷酸钙、0.3%硫酸钾的混合液，以促进果实细胞分裂；盛花期喷 0.2%的硼酸或 0.3%硼砂，利于坐果。5 月中下旬对结果树每株追施尿素，环状撒施或条沟施入即可。果实采收后，追施以氮肥为主的复合肥。

整枝可以提高木瓜产量，一般在 12 月至次年 3 月间进行，成年树每年整枝一次，主要剪去枯枝、病枝、衰老枝及过密枝，使整个树型内空外圆，以利多开花、多结果。若树龄衰老，需砍去老树，让老根长出幼苗，培育成新株，进行更新。

采摘 木瓜在良好的栽培条件下，3 ~ 5 年即可开花结果，每年 7 ~ 8 月当果实皮由青转黄时抢晴采收，摘时注意勿使果实损伤。采回的鲜果若做药用，对半剖开后投沸水中煮 5 ~ 10 分钟或蒸 10 分钟，然后晒干。木瓜干品以外皮皱缩、质坚、肉厚、色紫红、味酸者为佳。若食用，直接盐渍或糖渍加工。

图 5-26 木瓜果实（摄影萧朗）

图 5-27 木瓜果实（摄影萧朗）

病虫害防治

木瓜病害以叶枯病为主，7 ~ 8 月发病最重。初发病时，在叶片上出现褐斑，后扩大为黑褐色，严重时叶面布满病斑，导致叶片枯死。发生此病，生长期可喷施“绿乳铜”予以防治。

木瓜虫害主要有桃蛀螟、食心虫、菜青虫、蚜虫、天牛等。桃蛀螟幼虫初孵期用 2.5%敌杀死 3 000 倍液喷雾。在 6 月中旬、7 月下旬用桃小灵或桃小一次净 1 500 ~ 2 000 倍防治。食心虫、菜青虫、蚜虫发生后可喷“菊花油”、“功夫乳油”等杀虫剂予以防治。若发现天牛，成虫可人工捕捉，幼虫可用药棉蘸敌杀死原液塞入蛀虫孔内，用黄泥封实洞口毒杀幼虫。

花友秘籍

家庭巧食木瓜

在木瓜的乳状液汁中，含有一种被称为“木瓜酵素”的蛋白质分解酶，饭后吃木瓜，可以帮助消化，有辅助治疗肠胃炎、消化不良的效果。除此之外，木瓜酵素还有分解并去除肌肤表面的老化角质层的作用，常被应用在化妆品中。木瓜还富含 β 胡萝卜素，这是一种天然的抗氧化剂，能有效对抗全身细胞的氧化，破坏使人体加速衰老的氧自由基。因此，常吃木瓜还有美容护肤、延缓衰老的功效。

木瓜牛奶：将新鲜木瓜半边切成块打成汁，加入牛奶和适量蜂蜜。拌匀即可食用，能美容护肤缓衰助消化。

雪耳炖木瓜：将雪耳泡水后加莲子、百合、龙眼肉、枸杞、红枣少许放入炖盅内，炖至酥软入味，加入适量冰糖，加入切成小块的木瓜，再炖 15 分钟左右即可食用，能美容抗衰老。

杨 桃

中文名：杨桃
别　名：五敛子、阳桃、羊桃
科　属：酢浆草科杨桃属

杨桃，中国是原产地之一，是久负盛名的岭南佳果之一。因横切面如五角星，故国外又称之为“星梨”。杨桃是一种水分很多的水果，鲜果可溶性固性物为9%。每100克可食部分含碳水化合物6.2克，维生素C 7毫克，内含蔗糖、果糖、葡萄糖、苹果酸46.8克、草酸7.2克、柠檬酸及维生素B_1、维生素B_2以及钙、钾、镁、微量脂肪和蛋白质等各种营养素，是一种营养成分较全面的水果。

杨桃对于人体有助消化、滋养、保健功能，对于疟虫有抗生作用。果汁能促进食欲、帮助消化、治疗皮肤病的功效。杨桃鲜果，性稍寒，多食易致脾胃湿寒，便溏泄泻，有碍食欲及消化吸收。若为食疗目的，无论食生果或饮汁，最好不要冰冻或加冰饮食。

形态习性

杨桃又分为酸杨桃和甜杨桃两大类。酸杨桃果实大而酸，俗称“三稔”，较少生吃，多作烹调配料或加工成蜜饯。甜杨桃可分为“大花”、“中花”、“白壳仔”三个系列，其中以广州郊区花地产的“花红”品味最佳，它清甜无渣，味道特别可口。

杨桃是常绿小乔木或灌木，杨桃果实外观五菱形，未熟时绿色或淡绿色，熟时黄绿色至鲜黄色，单果重80克左右。皮薄如膜、纤维少、果脆汁多、甜酸可口、芳香清甜。杨桃可食率在92%以上。浆果一年四季交替互生，但品质以7月开花、秋分果

图 5-28　杨桃树（摄影萧朗）

图 5-29　杨桃果实（摄影萧朗）

图 5-30 杨桃果实(摄影萧朗)

熟的为最佳，产量也最高。中秋前后为杨桃的旺产期。成熟期：海南杨桃 5 月份到 12 月份均可结果，8 月份前后为旺产期。

繁殖养护

选地 杨桃为热带常绿果树，宜在热带、南亚热带地区作经济栽培。喜高温多湿，较耐阴，忌冷，怕旱，怕风，因此，在适宜区内，还应选土层深厚肥沃、水分充足、排水便利、背风向南的平地种植；若山地种植，则宜选有水源可灌溉、土质较好、坡度较小的南或东南向的中下坡。平地种植一般要挖排灌水沟。山地种植要搞好水土保持及改良土壤，提高肥力，解决灌溉用水。

种植 杨桃除太冷的天气外，一年四季均可种植。种植得越早，生长时间就越长，当年产量就越高。植前应挖大植穴，植穴长、宽深各 1 米。施足腐熟有机质作基肥，每穴施土杂肥 25 千克，禽畜粪 10 千克，菇渣 10 千克，饼肥 2 千克，另加钙镁磷肥、石灰各 1 千克与土壤拌匀后回穴，并培成高出地面 20 厘米的土墩。待土壤下沉后，即可栽植。种植深度以树苗土团放入穴中，稍低于地表为宜，太深果苗生长慢；太浅果苗则易受旱害，降低成活率。定植时苗木宜扶正，将根部周围泥土压实，盖草。种植后及时淋足定根水，以后每天或隔天淋水，直至成活。另外，定植以后，每年最少需中耕一次，以促进土壤风化，达到通气性好、透水性好，利于根部生长。

间种 杨桃具有早结果习性，一般年头种植、年底收果，但初期株行间空地多，且杨桃怕烈日烤晒，要求半荫、湿润环境，故应合理间种番木瓜、香蕉、蔬菜、黄豆等作物为妥。

病虫害防治

炭疽病防治：小果期用 25%使百克 1 200 倍液或 70%托布津 1 000 倍液喷雾，每 10 ~ 15 天喷 1 次，连喷 2 ~ 3 次；冬季清园后喷 1%等量式波尔多液 1 次；生长季节喷 0.5%等量式波尔多液 2 ~ 3 次。赤斑病防治：春季新叶初生时，50%多菌灵 800 ~ 1 000 倍液或 70%托布津 1 000 倍液喷雾，每 7 ~ 10 天喷 1 次，连喷 2 ~ 3 次。

虫害有鸟羽蛾和食心虫。鸟羽蛾防治方法：在杨桃开花前、谢花期至幼果转蒂下垂时喷药。用 90%晶体敌百虫 800 ~ 1 000 倍液喷雾或 5%百事达 1 000 倍液喷雾喷杀。食心虫防治：10%氯氰菊酯 1 000 ~ 1 500 倍液喷雾或 2.5%功夫乳油 1 500 倍喷杀。

附：长江流域广泛种植的桃树。

图 5-31　天台上的桃花
（摄影爱种花更爱种菜）

图 5-32　桃树果实
（摄影赵晶）

图 5-33　桃树果实成熟
（摄影赵晶）

后 记

《秀秀我的果菜园》这本书在徐晔春老师的指导下，在踏花行网站众多网友的支持下，终于定稿。该书主要是针对花友在种菜、种果的过程中遇到的种种问题，挑选了南北种植较多较广的40个果菜品种，尽可能详细的介绍其形态习性、繁殖养护方法以及主要病虫害防治等知识，每个品种都配有图片。穿插其中的还有名词解释、新品介绍、友情提示、小知识、小资料等一些灵活多样、生动有趣的小板块，以增加知识性和观赏性。

该书在编写过程中，从始至终都得到了徐晔春老师的鼓励和指导；该书也凝结了踏花行管理员“墨西哥落羽杉”的心血；并且得到踏花行花友“爱种花更爱种菜”、“逸园”、“刘谢美美”、“东莞华美酒店”等花友的大力支持及无私奉献。最值得一提的是新浪博客的花友“哈老的观赏椒园”，这是一位正直热情、认真负责、爱花喜欢花的老人，他的观赏椒园有多达80多种的观赏椒品种，在种植养护上有独到的经验和体会。在此，对他们的无私支持和厚爱，一并致以真诚的敬意和谢意。

该书第六章为赵晶编写。赵晶在前期收集资料、图片接收，文稿处理、收发邮件等方面做了大量工作，并负责了全书的最后定稿校审工作。冒号和梁子则为图片的拍摄做了大量工作，提供了方便有力的后勤支持。向他们表示由衷的谢意。

此书虽然定稿，但是存在很多遗憾，最大的遗憾是原来还准备写一篇名为《空中果菜园》的章节，主要想介绍几例天台、平台上种菜、种果的实例，想有全景，并且配有主人种植的心得体会和心情文字。可是由于种种原因未能达成心愿。如果有机会，一定要补上这一章，并且恳请花友提供帮助和支持。

图书在版编目（CIP）数据

秀秀我的果菜园/青草记，赵晶编著．－北京： 农村读物出版社，2010.1

ISBN 978-7-5048-5311-0

Ⅰ．秀… Ⅱ．①青…②赵… Ⅲ．①观赏园艺－通俗读物 Ⅳ．S68-49

中国版本图书馆CIP数据核字（2009）第221800号

责任编辑 李振卿
出　　版 农村读物出版社(北京市朝阳区农展馆北路2号　100125)
发　　行 新华书店北京发行所
印　　刷 北京三益印刷有限公司
开　　本 889mm×1194mm　1/32
印　　张 6.5
字　　数 100千
版　　次 2011年1月第1版　　2011年1月北京第1次印刷
印　　数 1～6 000册
定　　价 33.00元
